高等院校大数据应用型人才培养立体化资源“十四五”系列教材

大数据
采集技术与应用

DASHUJU CAIJI JISHU YU YINGYONG

陈恒星　唐海涛　何　亮　阳维国◎主　编
任秀娟　刘　嘉◎副主编

中国铁道出版社有限公司
CHINA RAILWAY PUBLISHING HOUSE CO., LTD.

内 容 简 介

本书针对目前大数据发展的方向，根据应用型高等院校人才培养目标编写。本书分为基础篇、实践篇和拓展篇：基础篇主要讲述爬虫的基本原理、爬虫的基本配置以及爬虫相关库的使用；实践篇包括 Scrapy 框架的原理和应用以及大数据采集工具的使用；拓展篇通过一个案例——爬取网络云课课程信息来整合前面的技术。

本书以提高读者能力为导向，以案例为基础，在讲解技术的同时辅以案例来帮助读者领会和掌握技术，体现了逐层递进、从简单到综合的思想。

本书适合作为高等院校大数据、物联网等专业的教材，也可作为培训机构数据采集课程的教材，还可供从事相关工作的专业技术人员使用。

图书在版编目(CIP)数据

大数据采集技术与应用/陈恒星等主编. —北京：中国铁道出版社有限公司，2024.12

高等院校大数据应用型人才培养立体化资源“十四五”系列教材

ISBN 978-7-113-30977-0

Ⅰ.①大… Ⅱ.①陈… Ⅲ.①数据采集-高等学校-教材 Ⅳ.①TP274

中国国家版本馆 CIP 数据核字(2024)第 027059 号

书　　名：大数据采集技术与应用

作　　者：陈恒星　唐海涛　何　亮　阳维国

责任编辑：荆　波　彭立辉　　　　**编辑部电话：**(010) 51873202

封面设计：MX DESIGN STUDIO

责任校对：苗　丹

责任印制：赵星辰

出版发行：中国铁道出版社有限公司（100054，北京市西城区右安门西街 8 号）

网　　址：https://www.tdpress.com/51eds

印　　刷：天津嘉恒印务有限公司

版　　次：2024 年 12 月第 1 版　2024 年 12 月第 1 次印刷

开　　本：787 mm×1 092 mm 1/16　**印张：**11.75　**字数：**256 千

书　　号：ISBN 978-7-113-30977-0

定　　价：49.80 元

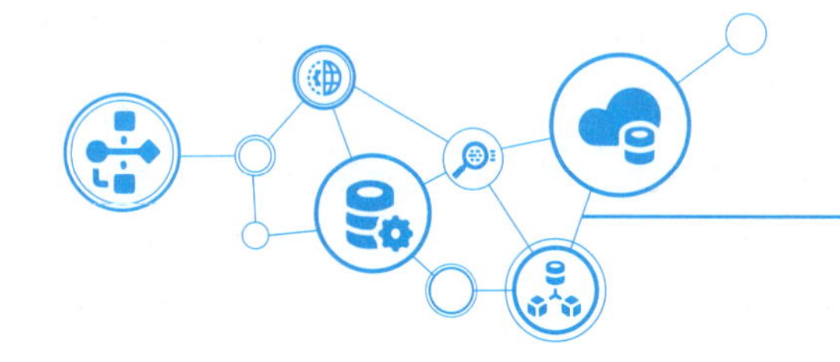

前言

本书是黄冈教育谷投资控股有限公司面向应用型高等院校学生及对大数据技术感兴趣的人士所开发的系列教材之一。本书以培养应用型专业人才的应用能力为主要目标,理论与实践并重,并强调理论与实践相结合,通过校企双方优势资源的共同投入和促进,建立以产业需求为导向、以实践能力培养为重点、以校企合作为途径的专业培养模式,使学生既能夯实基础知识,又能获得实际工作体验,掌握实际技能,提升综合素养。

近年来,以大数据、机器学习等为代表的人工智能得到了长足的发展和广泛的应用,而数据是实现人工智能的必备条件。随着以大数据、云计算和物联网为主要标志的第三次信息化浪潮的到来,数据成为继石油、矿产之外非常重要的基础资源。因此,获取数据成为数据处理、数据分析以至机器学习和人工智能的基本条件。同时,随着互联网、物联网的快速发展,数据产生的方式从传统的数据库发展到社交网络和感知系统,数据每年以爆炸的方式产生,这为人们获取数据提供了丰富的来源。另一方面,数据采集技术也不断发展,例如网络爬虫技术,为人们获取数据提供了技术保障。

本书分为基础篇、实践篇和拓展篇:基础篇主要讲述了爬虫的基本原理、爬虫的基本配置以及爬虫相关库的使用,读者通过阅读本篇可以学习数据获取的基本原理和基本技术。实践篇首先对验证码进行简单的探讨。验证码是网络保护数据、防止数据被非法获取的一种主流技术。此外,还讲解了 Scrapy 框架的原理和应用以及大数据采集工具(DataX 和 Kafka)的使用。拓展篇通过一个案例——爬取某网络云课课程信息来整合前面学习的技术,使读者通过一个较为复杂的案例来理解并强化数据获取技术。本书能够起到抛砖引玉的作用,可使读者从所学内容中有所领悟,达到举一反三的效果。

本书共包含七个项目,具体如下:

项目一　认识大数据采集技术:包含三个任务,主要介绍大数据的概念、发展以及数据采集技术的概念,并在此基础上介绍爬虫的概念、原理以及反爬虫的原理与技术,最后介绍网络的基本知识。

项目二　配置爬虫环境:主要介绍爬虫环境的配置以及各种库的安装。

项目三　使用数据爬取相关库:介绍请求库、解析库和存储库的使用。

项目四　应用图像识别技术:介绍简单的验证码的识别。

项目五　使用 Scrapy 框架:介绍 Scrapy 爬虫框架的原理和设计爬虫程序。

项目六　使用大数据采集工具:介绍两种大数据采集工具 DataX 和 Kafka 的原理及其在数据采集方面的应用。

项目七　爬取网络云课信息:主要介绍如何使用 Scrapy 框架爬取网络云课网站的数据。

本书以提高读者应用能力为导向，以案例为基础，在讲解理论的同时突出实践，在实践中理解爬虫的原理、库的使用；在讲解技术的同时辅以案例来帮助读者领会和掌握技术，案例体现了逐层递进、从简单到综合的思想；读者在掌握基本技术的基础上，逐渐综合，最后完成一个综合项目。这样，可以使读者达到技术的综合和融会贯通。本书每个项目后面都附有思考与练习，这些练习有的是基础知识的复习，有的则需要读者查阅相关资料，学习相关技术才能完成。这也体现了本书的另一个目的：希望读者具备获取新知识的能力，即学习能力。本书配备了相关的课件、实训手册、题库、微课、教学大纲、课程标准等资源，以方便学生学习以及教师授课。相关教学资源可在中国铁道出版社教育资源数字化平台（www.tdpress.com/51eds）下载。

本书适合作为高等院校大数据、物联网等计算机相关专业的教材，也可作为相关培训机构数据采集课程的教材，亦可供从事相关工作的专业技术人员使用。

本书由陈恒星、唐海涛、何亮、阳维国任主编，由任秀娟、刘嘉任副主编。具体分工为：项目一由陈恒星（湖南邮电职业技术学院）编写；项目二由唐海涛（南昌职业大学）编写；项目三由刘嘉（郑州轻工业大学）编写；项目四、项目五由阳维国（黄冈教育谷投资控股有限公司）编写；项目六由何亮（黄冈教育谷投资控股有限公司）编写；项目七由任秀娟（东营科技职业学院）编写。全书由陈恒星统稿。

由于时间仓促，编者水平有限，书中疏漏与不妥之处在所难免，恳请读者批评指正。

编　者

2024年9月

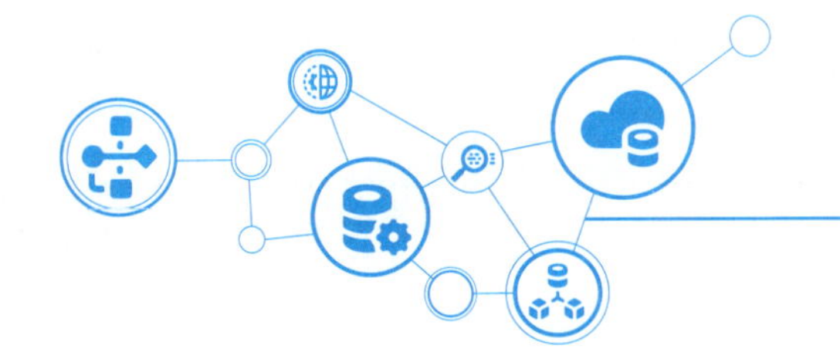

目　录

基础篇

项目一　认识大数据采集技术 …… 3

任务一　大数据采集技术的概念 …… 3

一、掌握大数据的主流技术 …… 3

二、识记大数据采集技术 …… 9

三、识记大数据采集工具 …… 11

任务二　理解网络爬虫与反爬虫 …… 12

一、识记爬虫的定义 …… 12

二、识记爬虫的分类 …… 13

三、领会爬虫的工作原理 …… 15

四、识记爬虫的搜索策略 …… 16

五、领会反爬虫的目的和策略 …… 17

任务三　学习爬虫开发基础知识 …… 19

一、掌握 HTTP 基本原理 …… 19

二、掌握网页基础知识 …… 30

三、掌握会话和 Cookies …… 32

思考与练习 …… 34

项目二　配置爬虫环境 …… 36

任务一　安装 Python 3 …… 36

一、了解 Python …… 36

二、Windows 操作系统下安装 Python …… 37

三、Linux 操作系统下安装 Python …… 49

任务二　安装请求库 …… 50

一、安装 Requests …… 50

二、安装 Selenium …… 51

三、安装 Chromedriver …… 52

任务三　安装解析库 …… 54

一、安装 lxml …… 54

二、安装 BeautifulSoup …… 55
三、安装 Pyquery …… 55
四、安装 MySQL 和 PyMySQL …… 55
任务四　安装数据库及爬虫框架 …… 58
一、安装 MongoDB 和 PyMongo …… 58
二、安装 Redis、Redis-py 和 Redisdump …… 63
三、安装 Scrapy …… 64
思考与练习 …… 64
项目三　使用数据爬取相关库 …… 66
任务一　使用请求库 …… 66
一、使用 urllib 爬取数据 …… 66
二、使用 Requests 爬取数据 …… 72
任务二　使用解析库 …… 79
一、使用 XPATH …… 79
二、使用 BeautifulSoup 解析数据 …… 89
三、使用 PyQuery 解析数据 …… 93
四、爬取 Ajax 数据 …… 96
任务三　使用存储库 …… 104
一、文件存储 …… 104
二、存储到 MySQL …… 107
三、存储到非关系型数据库 …… 111
思考与练习 …… 116

实践篇

项目四　应用图像识别技术 …… 119
任务　识别图形验证码 …… 119
一、图形验证码与相关识别库 …… 119
二、安装配置 Tesserocr …… 120
三、安装 Python 图片识别库 …… 123
四、使用 Python 图片识别库 …… 123
思考与练习 …… 125
项目五　使用 Scrapy 框架 …… 126
任务　使用 Scrapy 框架 …… 126
一、了解 Scrapy 框架 …… 126

二、创建 Scrapy 项目 …… 129
三、配置 Scrapy 项目 …… 130
四、运行 Scrapy 项目 …… 131
五、保存数据到文件 …… 132
思考与练习 …… 132

项目六　使用大数据采集工具 …… 135

任务一　认识大数据同步技术——DataX …… 135
一、了解 DataX 的基本概念 …… 135
二、DataX 3.0 的框架设计 …… 136
三、安装并配置 DataX 3.0 …… 139
四、DataX 应用实例参考 …… 141
任务二　认识大数据采集技术——Kafka …… 143
一、了解 Kafka …… 143
二、Kafka 的安装与应用 …… 146
思考与练习 …… 147

拓展篇

项目七　爬取网络云课信息 …… 150

任务　使用 Scrapy 爬取网络云课数据 …… 150
一、了解爬取项目 …… 150
二、准备爬取项目 …… 151
三、理解爬取思路 …… 151
四、分析爬取项目 …… 151
五、创建项目 …… 154
六、创建 Item …… 156
七、提取数据 …… 156
八、清洗数据 …… 160
九、存储数据 …… 161
十、搭建 Cookies 池 …… 163
十一、搭建 IP 代理池 …… 164
十二、启用 MiddleWare …… 165
十三、运行项目 …… 166
思考与练习 …… 168

附录 A　缩略语 ………………………………………………………………………… 170
附录 B　思考与练习参考答案 ……………………………………………………………… 172
参考文献 ……………………………………………………………………………… 179

基础篇

引言

进入 21 世纪 20 年代，信息技术和网络成为人们生活中不可或缺的元素，人们在网络中遨游，利用信息技术管理生产和生活，由此产生了大量的数据。这些数据包含了重要的信息，人们可以通过对数据的分析，发现生产生活中不为人知的规律，从而提高生产生活效率，改善人们的生活水平，促进人类社会的发展与进步。例如，人们通过对天气数据的分析，可以预测未来天气情况；通过对汽车驾驶员以及道路数据的分析，可以减少交通事故，使得人们的出行更加便捷和安全；通过对商业数据的分析，可以指导企业家制定正确的商业策略，获取更大的利润等等。要对数据进行分析，首先需要获取数据，没有大量的数据作为基础，数据分析、机器学习、人工智能都无从谈起。因此，数据获取是一切数据分析的基础，数据也是继石油、矿产之后被许多国家作为重要的战略资源。本篇阐述大数据采集基本概念、相关主流技术和相关的采集工具、爬虫环境的配置、数据爬取的相关库的使用。通过本篇的学习，还能了解到反爬虫的概念与技术、网页开发的基础知识以及简单的验证码的识别等。

学习目标

- 了解大数据采集的概念、技术及相关工具。
- 理解爬虫的概念、原理，了解反爬虫的策略。
- 理解网页的基本结构和基本原理。
- 掌握 Python 及其相关库的安装方法。
- 掌握数据获取相关库的基本使用方法。

知识体系

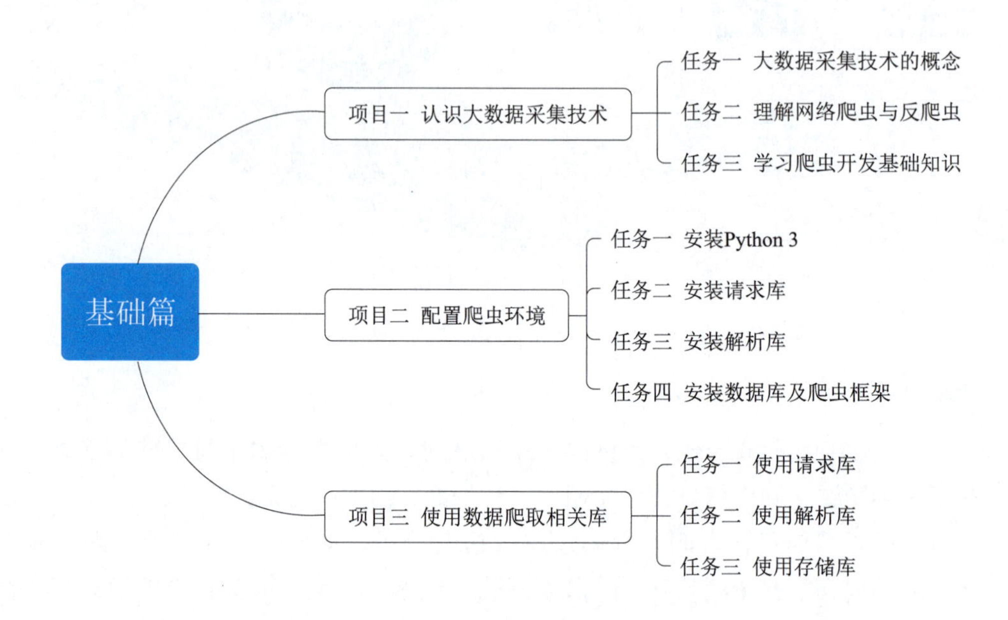

基础篇
项目一 认识大数据采集技术
任务一 大数据采集技术的概念
任务二 理解网络爬虫与反爬虫
任务三 学习爬虫开发基础知识
项目二 配置爬虫环境
任务一 安装Python 3
任务二 安装请求库
任务三 安装解析库
任务四 安装数据库及爬虫框架
项目三 使用数据爬取相关库
任务一 使用请求库
任务二 使用解析库
任务三 使用存储库

项目一　认识大数据采集技术

任务一　大数据采集技术的概念

任务描述

本任务从应用场景入手,介绍数据和数据采集的概念、技术和工具,让读者对大数据及其采集方法、采集工具有整体的了解。

任务目标

- 理解数据和大数据的概念。
- 掌握大数据的主流技术。
- 了解数据采集的主要工具。

任务实施

一、掌握大数据的主流技术

微课

了解大数据

大数据作为目前比较热门的话题,已经深入普通人们的生活之中。人们常说大数据时代已经到来,那么大数据究竟是什么意思?到底什么是大数据?大数据采用了什么技术?如何在这么庞大的数据中获取需要的数据?这些都是人们比较好奇且关心的问题。本任务就上述问题进行简单介绍。

(一)数据采集的背景

数据采集是指通过各种手段和工具收集、获取和整理各类数据的过程。这些数据可以是关于用户行为、市场趋势、科学研究、环境变化等各个领域的信息。数据采集在不同领域和行业都有广泛的应用,其背景涵盖了多个方面。

(1)科学研究:科学家和研究人员通过数据采集来支持他们的研究。这些数据包括实验数

据、观测数据、调查数据等,用于验证假设、发现规律或者推动学科的发展。

(2)商业和市场研究:企业和市场研究人员通过数据采集来了解市场趋势、消费者需求、竞争对手的动态等,有助于他们制定战略、改进产品和服务,以更好地满足市场需求。

(3)社交媒体分析:社交媒体平台上产生大量的数据,包括用户行为、喜好、评论等。企业和机构通过分析这些数据来了解社会舆论、用户反馈,以及在社交媒体上的品牌形象。

(4)物联网(IoT):随着物联网设备的普及,大量的传感器产生各种类型的数据,如温度、湿度、位置等。这些数据对于监控和控制设备、优化运营等都非常重要。

(5)医疗和健康领域:医疗机构利用数据采集追踪患者的健康状况、管理医疗记录、进行疾病预测等,有助于提高医疗服务的效率和质量。

(6)政府和公共服务:政府机构使用数据采集来监测经济指标、人口统计、环境变化等,以便更好地制定政策、规划城市发展,并提供更好的公共服务。

(7)教育:学校和教育机构通过数据采集评估学生的学术表现、改进教学方法,以及进行教育研究。

总体来说,数据采集在当今信息化社会中扮演着重要的角色,为各行各业提供了更深刻的洞察和更有效的决策支持。然而,随之而来的挑战包括数据隐私、安全性、伦理问题等也需要认真对待。

(二)数据和大数据

数据(data)是指对客观事物进行记录的符号,是对客观事物的性质、状态以及相互关系等进行记载的物理符号或符号的组合。数据和数字是两个不同的概念,传统意义上的数据主要指科学计算的数据,这些数据主要由数字构成。但是,随着信息技术的不断发展,数据的概念朝着广义化方向发展,当今的数据概念已经由传统的数值数据发展成为包含数值、文本、音频、视频等各种类型的数据。数据是事实或观察的结果,是对客观事物的逻辑归纳,是用于表示客观事物的未经加工的原始素材。

大数据是随着第三次信息化浪潮而产生的,如图 1-1 所示。

图 1-1　大数据词云

1980 年,阿尔文·托夫勒在其书籍《第三次浪潮中》描述了大数据的发展前景,尽管他还未提出大数据一词。

1997年,迈克尔·考克斯和大卫·埃尔斯沃斯在第八届美国IEEE的可视化会议论文中发表了《为外存模型可视化而应用控制程序请求页面调度》的论文,这是在美国计算机学会的数字图书馆中第一篇使用“大数据”这一术语的文章。

1999年8月,史蒂夫·布赖森、大卫·肯怀特、迈克尔·考克斯、大卫·埃尔斯沃斯以及罗伯特·海门斯在《美国计算机协会通讯》上发表了《吉字节数据集的实时性可视化探索》一文,这是该刊物上第一篇使用“大数据”这一术语的文章。

大数据本身是一个比较抽象的概念,如果仅从名称看,它表示大量的数据甚至海量数据。但是仅仅数量上的庞大并不能反映出大数据的本质,也不能体现大数据和大量数据的区别。目前,大数据并不存在统一的定义,不同的学者对大数据存在多种不同的理解和定义。

McKinsey在其报告*Big data:The next frontier for innovation, competition and productivity*中给出的大数据定义是指大小超出常规的数据库工具获取、存储、管理和分析能力的数据集。但同时强调,并不是一定要超过特定TB级的数据集才能算是大数据。他的报告标志着大数据时代的到来。

百度百科对“大数据”的定义为:大数据或称巨量资料,指的是所涉及的资料量规模巨大到无法通过目前主流软件工具,在合理时间内达到提取、管理、处理并整理成为帮助企业经营决策的资讯。

研究机构Gartner认为:大数据是需要新处理模式才能具有更强的决策力、洞察发现力和流程优化能力的海量、高增长率和多样化的信息资产。从数据的类别上看,大数据指的是无法使用传统流程或工具处理或分析的信息。它定义了那些超出正常处理范围和大小,迫使用户采用非传统处理方法的数据集。

美国国家标准与技术研究院(National Institute of Standards and Technology,NIST)发布的研究报告认为,大数据是用来描述在网络的、数字的、遍布传感器的、信息驱动的世界中呈现出的数据泛滥的常用词语。

在此基础上,给出了大数据概念的描述:大数据是在大体量和多类别的杂乱数据集中,深度挖掘分析取得的有价值信息。不仅仅关注数据的量大,更加关注数据的深度分析和应用,对于数据有价值的深度挖掘分析和在新形势下的数据应用是大数据应用的重点。

维克托.迈尔-舍恩伯格和肯尼思·库克耶编写的《大数据时代》中提出大数据的特征,即大数据的4V特征:规模性(volume)、多样性(variety)、高速性(velocity)、价值性(value)。

1. 规模性

随着信息化技术的高速发展,特别是网络和传感器的广泛应用,数据开始爆发性增长。其数量级从GB或几TB到以PB、EB或ZB为计量单位来衡量。

2. 多样性

多样性主要体现在数据来源多、数据类型多和数据之间关联性强三方面。

(1)数据来源多。企业所面对的数据主要是运营数据。随着互联网和物联网的发展,产生了诸如社交网站、传感器等数据来源。由于数据来源于不同的应用系统和设备,决定了数据形式的多样性。大体可以分为三类:一是结构化数据,如财务系统数据、信息管理系统数据、医疗系统数据等,其特点是数据间因果关系强;二是非结构化数据,如视频、图片、音频等,其特点是数据间没有因果关系;三是半结构化数据,如 HTML 文档、邮件、网页等。

(2)数据类型多。该特点主要以非结构化数据为主。传统的企业中,数据都是以表格的形式保存。而大数据中有 70%~85%的数据是图片、音频、视频、网络日志、链接信息等非结构化和半结构化数据。

(3)数据之间关联性强。例如,游客在旅游途中上传的照片和日志,就与游客的位置、行程等信息有很强的关联性。

3. 高速性

高速性是大数据区分于传统数据最显著的特征。大数据与海量数据的重要区别有两方面:一方面,大数据的数据规模更大;另一方面,大数据对处理数据的响应速度有更严格的要求。实时分析而非批量分析,数据输入、处理与丢弃立刻见效,几乎无延迟。数据的增长速度和处理速度是大数据高速性的重要体现。

4. 价值性

尽管企业拥有大量数据,但是发挥价值的仅是其中非常小的部分。大数据背后潜藏的价值巨大。由于大数据中有价值的数据所占比例很小,而大数据真正的价值体现在从大量不相关的各种类型的数据中挖掘出对未来趋势与模式预测分析有价值的数据,并通过机器学习方法、人工智能方法或数据挖掘方法深度分析,并运用于各个领域,以期创造更大的价值。

阿姆斯特丹大学在原有 4V 基础上提出了大数据体系架构框架的 5V 特性,增加了真实性(veracity)特征,如图 1-2 所示

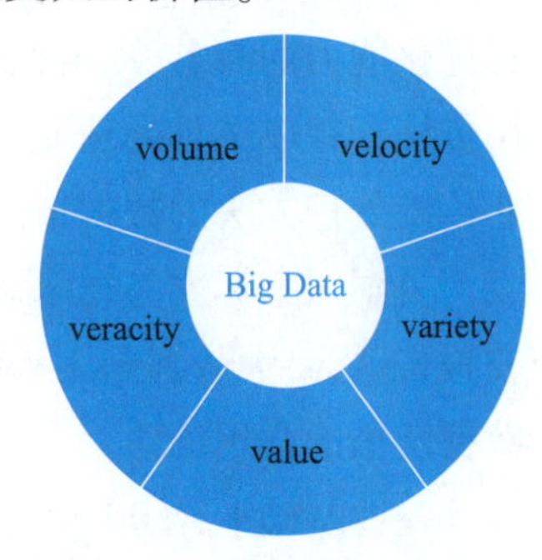

图 1-2　大数据的 5V 特性

(三)大数据主流技术

计算机软硬件的不断发展,特别是处理器技术、存储技术、网络技术等的进步,为大数据的发展提供了基础。云计算的提出与发展为大数据提供了基础平台与支撑技术。大数据的主流技术主要体现在分布式存储、批处理技术、流计算、图计算以及查询分析等几方面。

1. 分布式存储

与传统的数据存储不同,由于需要存储海量、异构的数据,因此将所有数据都存放在同一个存储介质中是不现实的。以 Google 为代表,提出了分布式文件存储,如 GFS(Google file system)以及后来开源的 HDFS(Hadoop distributed file system,Hadoop 分布式文件系统),其架构如图 1-3 所示。HDFS 较好地解决了数据的快速访问和可靠性问题,同时分布式存储为并行读/写和计算提供了基础,这样就提高了数据的处理能力。HDFS 还考虑了服务器的成本问题,可以部署在廉价的服务器上,在设计上认为服务器故障是一种常态,因此 HDFS 采用了一系列运行机制保障数据的可靠性(如冗余技术)。Hadoop(见图 1-4)是一个开源的、运行于大规模集群上的分布式计算平台,它的两大核心技术是 HDFS 和 MapReduce(简称 MR)。程序员可以在 Hadoop 上编写分布式应用程序。

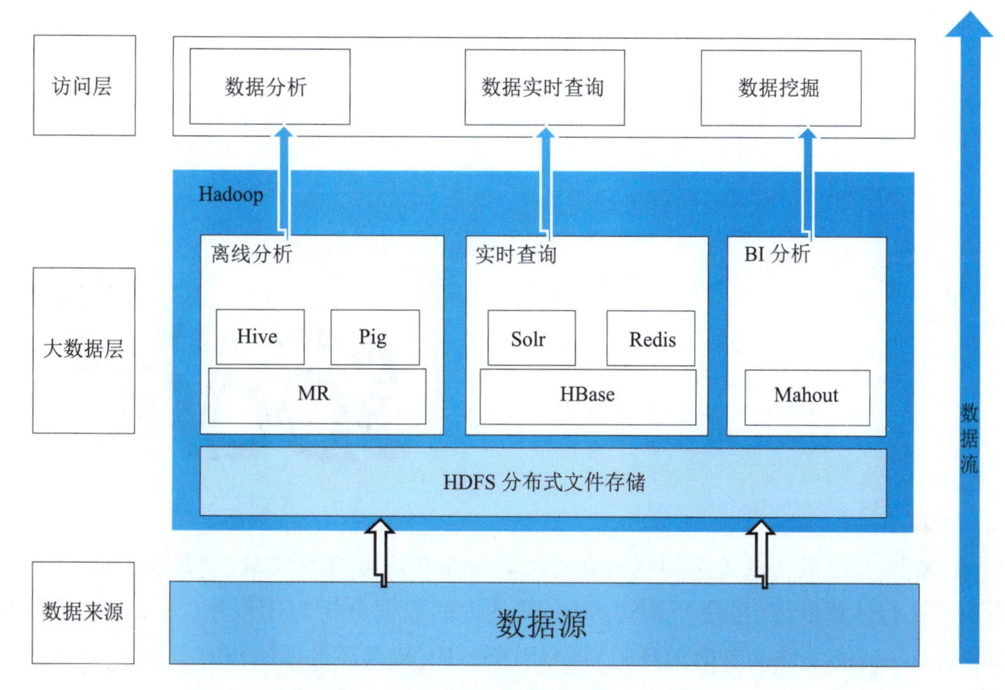

图 1-3　HDFS 架构

针对大数据的非结构化特性,存储非结构化的数据库也得到发展。以 HBase(见图 1-5)为例,它是基于 HDFS API 构建的一款可以在线低延迟访问数据的 NoSQL 数据库,它改变了传统关系型数据的设计模型。例如,传统关系型数据库是以行为优先存储的,而 HBase 则是以列为优先存储。这是因为在分布式环境中(例如由多个服务器组成的集群),以列为优先存储更容易扩展。总之,HBase 在数据类型、数据操作、存储模式、数据索引和数据维护等方面与传统的关系型数据库都有较大差异。

图 1-4　Hadoop　　　图 1-5　HBase

2. 批处理技术

大规模数据的处理通常需要进行批处理,常用的大数据批处理技术有 MapReduce 和 Spark。

MapReduce 是具有代表性的大数据批处理技术,如图 1-6 所示。MapReduce 采用分而治之的思想,将大量、复杂的数据计算高度抽象为两个函数 Map()和 Reduce()。通过这两个函数,用户即使在不太了解分布式并行编程的条件下也可以写出分布式并行程序,这就大幅降低了用户编程的门槛和难度。在 MapReduce 中,大数据会被分割成许多独立的数据块,这些数据块作为 Map()的输入可以被多个 Map()任务并行处理,Map()处理的结果在经过混洗(shuffle)后会作为

Reduce()的输入，Reduce()经过处理后将结果存放在分布式文件系统中。

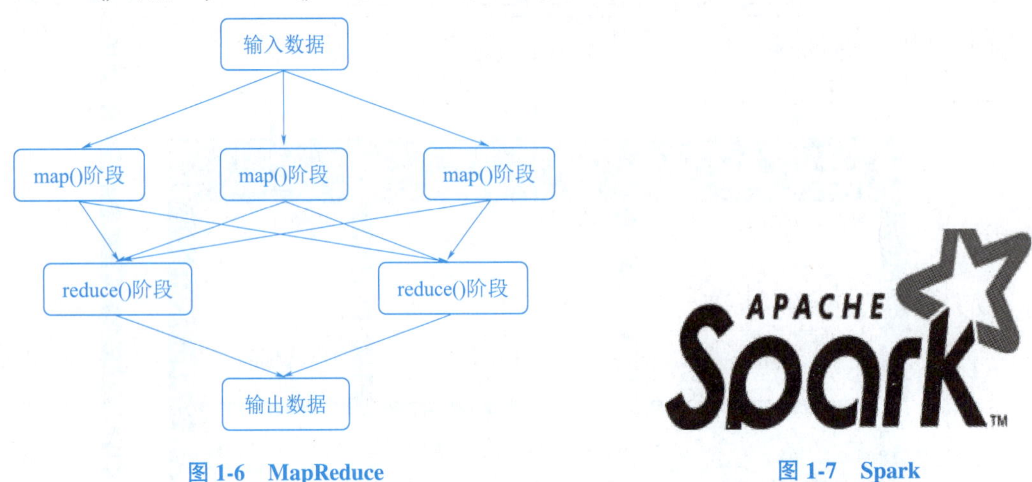

图 1-6　MapReduce

图 1-7　Spark

Spark（见图 1-7）最初由美国加州伯克利大学的 AMP 实验室于 2009 年开发，是基于内存计算的大数据并行计算框架，可用于构建大型、低延迟的数据分析应用程序。Spark 使用先进的 DAG（directed acyclic graph，有向无环图）执行引擎，以支持循环数据流与内存计算，基于内存的执行速度可比 Hadoop MapReduce 快上百倍。Spark 支持使用 Scala、Java、Python 和 R 语言进行编程，简洁的 API（application programming interface）设计有助于用户轻松构建并行程序，并且可以通过 Spark Shell 进行交互式编程。Spark 提供了完整而强大的技术栈，包括 SQL 查询、流式计算、机器学习和图算法组件，这些组件可以无缝整合在同一个应用中，足以应对复杂的计算。Spark 可运行于独立的集群模式中或 Hadoop 中，并且可以访问 HDFS、Cassandra、HBase、Hive 等多种数据源。

3. 流计算

在传统的数据处理流程中，通常先收集数据，然后将数据放到数据库中。当人们需要时通过数据库对数据进行查询，得到数据后进行相关的处理。这样看起来虽然非常合理，但是在一些实时搜索应用环境中，这样的方式并不能很好地解决问题。例如，某些数据的价值会随着时间的流逝而降低，如果不能够实时处理，就无法获取数据的价值，因此就引入了一种新的数据计算结构——流计算。它可以很好地对大规模流动数据在不断变化的运动过程中实时地进行分析，捕捉到可能有用的信息，并把结果发送到下一计算结点。目前，常见的开源流计算平台包括 Yahoo S4、Spark Streaming 以及百度的 Dstream、淘宝的银河流数据处理平台等。图 1-8 所示为一种实时的流计算机制。

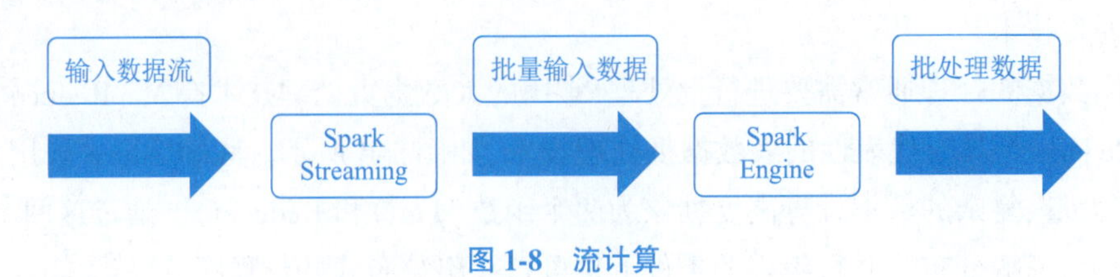

图 1-8　流计算

4. 图计算

现实生活中许多数据可以用图或网络的形式展现，例如社交网络、传染病的传播途径，公交地铁的线路图等。除此之外，许多计算也可以图的形式来进行，如深度学习框架 Tensorflow（见图 1-9）就是以图计算为基础的。常见的图计算框架还有 Pregel、Giraph、GraphX、PowerGraph 等。

图 1-9　Tensorflow

5. 查询分析

查询和分析是大数据的主要应用之一。传统的基于关系数据库的查询分析系统已经不能满足海量、异构的数据查询和分析的需要，实时性和准确性是目前针对大数据查询分析的基本要求。因此，基于大数据的查询分析系统逐渐引起人们的关注并进行了深入研究，比较具有代表性的产品包括 Google 开发的 Dremel、Cloudera 的 Impala 等。

二、识记大数据采集技术

微课

了解大数据采集技术

近年来，以大数据、物联网、人工智能、5G 技术为核心特征的数字化浪潮正席卷全球。随着网络和信息技术的不断普及，人类产生的数据量正在呈指数级增长。面对如此巨量的数据，与之相关的采集、存储、分析等环节产生了一系列的问题。如何收集这些数据并且进行转换分析存储成为巨大的挑战。

大数据采集技术就是对数据进行提取、转换、加载，最终挖掘数据的潜在价值，然后提供给用户解决方案或者决策参考。数据采集指的是从数据来源端经过抽取（extract）、转换（transform）、加载（load）到目的端，然后进行处理分析的过程。用户从数据源抽取出所需的数据，经过数据清洗，最终按照预先定义好的数据模型，将数据加载到数据仓库中，最后对数据仓库中的数据进行数据分析和处理。数据采集是数据分析生命周期的重要一环，它通过传感器、社交网络、移动互联网等方式获得海量的结构化、半结构化及非结构化的数据。由于采集的数据种类繁多，对这些数据进行数据分析时必须通过提取技术将复杂格式的数据进行数据提取，从数据原始格式中提取出需要的数据。大数据采集周期如图 1-10 所示。

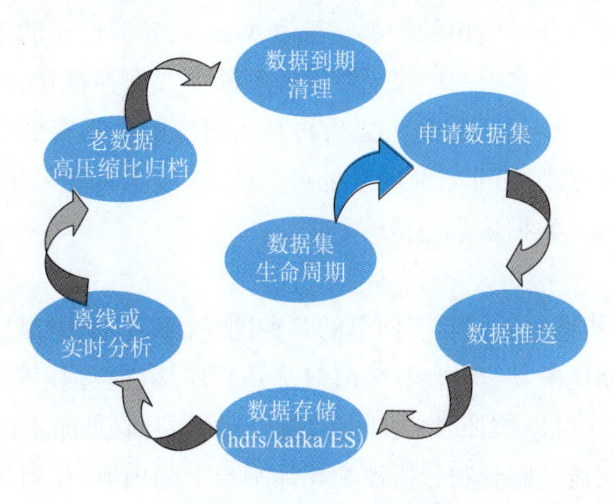

图 1-10　大数据采集周期

在现实生活中,数据产生的种类很多,并且不同种类的数据产生的方式也不同。常见的大数据采集系统主要分为系统日志采集系统,网络数据采集系统和数据库采集系统。

(一)系统日志采集系统

许多公司的业务平台每天都会产生大量的日志数据(信息)。通过对这些日志信息进行采集、收集,然后进行数据分析,挖掘公司业务平台日志数据中的潜在价值,为公司决策和公司后台服务器平台性能评估提供可靠的数据保证。系统日志采集系统做的事情就是收集日志数据以提供离线和在线实时的分析使用。目前常用的开源日志收集系统有 Flume、Scribe 等。

(二)网络数据采集系统

通过网络爬虫和一些网站平台提供的公共 API(如新浪微博 API)可以从网站中获取数据。这样就可以将非结构化和半结构化的网页数据提取出来,并将其清洗、转换成结构化的数据,然后存储为统一的本地文件数据。目前常用的网页爬虫系统/框架有 Apache Nutch、Crawler4j、Scrapy 等。

(三)数据库采集系统

许多企业会使用传统的关系型数据库(如 MySQL 或 Oracle)来存储数据。除此之外,Redis 和 MongoDB 这样的 NoSQL 数据库也常用于数据采集。通过数据库采集系统直接将企业业务后台每时每刻都在产生的大量业务记录写入数据库中,最后由特定的处理分析系统(如 Hive)进行分析。

随着大数据越来越被重视,数据采集的挑战也变得尤为突出。目前数据采集的常见方法有离线采集、实时采集、互联网采集等。

(一)离线采集

ETL 意为抽取(extract)、转换(transform)、加载(load),其在数据采集实践中扮演着极其重要的角色,其代表产品是 Kettle。这里的转换主要是针对具体的业务场景对数据进行治理,例如进行非法数据监测与过滤、格式转换与数据规范化、数据替换、保证数据完整性等。

(二)实时采集

实时采集方式主要用在考虑流处理的业务场景中,用于记录数据源执行的各种操作活动,例如网络监控的流量管理、金融应用的股票记账和 Web 服务器记录的用户访问行为。在流处理场景中,数据采集就像一个水坝一样将上游源源不断的数据拦截住,然后根据业务场景进行对应的处理(如去重、去噪、中间计算等),之后再写入对应的数据存储中。这个过程类似传统的 ETL,但它是流式处理方式,而非定时的批处理工作,这些工具均采用分布式架构,能满足每秒数百兆字节(MB)的日志数据采集和传输需求。

(三)互联网采集

互联网采集方式是指通过访问互联网上的各种网站、平台,从中提取有用的信息和数据的过程,该方式会用到自动化工具、爬虫程序、API(应用程序接口)等技术手段。如网页爬虫从网页中提取数据。爬虫程序可以按照预定的规则遍历网站,提取页面上的文本、图像、链接等信息。又如,社交媒体挖掘通过监测和分析社交媒体平台上的内容,了解用户的观点和反馈。这种数据采集方式对于市场研究、品牌管理等非常重要。

(四)其他数据采集方法

对于企业生产经营数据上的客户数据、财务数据等保密性要求较高的数据,可以通过与数据技术服务商合作,使用特定系统接口等相关方式采集数据。例如,百度云计算的数企 BD-SaaS,无论是数据采集技术、BI 数据分析,还是数据的安全性和保密性都做得很好。

三、识记大数据采集工具

(一)爬虫

爬虫是一种按照用户条件和一定的规则,自动获取网络上数据的程序。搜索引擎就是利用爬虫技术实现对信息的搜索。爬虫大致可以分为通用网络爬虫、聚焦网络爬虫、增量式爬虫、深层网络爬虫等。例如,常用的搜索引擎 Baidu、Yahoo、Google 等就属于通用性网络爬虫。许多语言都支持实现爬虫,如 Java、Python 等。常用的爬虫框架有 Apache Nutch、Scrapy、Crawler4j 等。

Apache Nutch 是一个高度可扩展和可伸缩性的分布式爬虫框架。Apache 通过分布式运行,由 Hadoop 支持,通过提交 MapReduce 任务来爬取网页数据,并可以将网页数据存储在 HDFS 中。Nutch 可以进行分布式多任务爬取数据、存储和索引。由于多个机器并行做爬取任务,Nutch 可充分利用多个机器的计算资源和存储能力,大幅提高了数据爬取效率。Crawler4j、Scrapy 这些框架提供给开发人员便利的爬虫 API 接口,大幅提高了开发人员的开发效率。

(二)Kettle

Kettle 是一款典型的开源 ETL 工具,它由 Java 语言编写,可以运行在 Windows、Linux、UNIX 上,绿色无须安装,数据抽取高效稳定。Kettle 可以帮助用户从各种不同的数据源中抽取、转换和加载数据,以支持数据仓库、数据集成、业务智能和数据分析等应用。Kettle 允许用户管理来自不同数据源的数据,通过提供一个图形化的用户环境来描述想做什么,而不是怎么做。Kettle 还提供了多种强大的转换步骤,包括过滤、排序、合并、聚合等,以便用户能够根据业务需求对数据进行各种转换和清洗。

(三)Flume/Kafka

Flume 是一个分布式、高可靠、高可用的海量日志聚合系统,支持在系统中定制各类数据发送方来收集数据。同时,Flume 提供对数据进行简单处理并写到各种数据接收方的功能。Flume 广泛用于任何流事件数据的采集,它支持从很多数据源聚合数据到 HDFS 中。一般的采集需求通过对 Flume 的简单配置即可实现。针对特殊场景 Flume 也具备良好的自定义扩展能力,因此,Flume 适用于大部分日常数据采集场景。Flume 具有可横向扩展性、延展性、可靠性的优势。

Kafka 是由 Apache 软件基金会开发的开源流处理平台,用 Scala 和 Java 编写。作为一种高吞吐量的分布式发布订阅消息系统,Kafka 可以处理消费者在网站中的所有动作流数据。这些数据通常是根据吞吐量的要求通过处理日志和日志聚合来解决。

企业通常使用 Kafka 将实时数据流传输到 Hadoop 集群,以支持离线分析、批处理和长期存储。例如,可以采用 Flume+Kafka+Zookeeper 来搭建数据采集框架。

大开眼界

Apache Flume 是一个开源的日志收集工具，广泛应用于许多企业和组织中。Cloudera 是一家提供大数据解决方案的公司，其产品包括 Cloudera Distribution for Hadoop（CDH），其中集成了 Flume 作为其数据收集和传输的一部分。

任务小结

本任务介绍了大数据采集的概念、主流技术和常用工具，使读者对大数据及其采集方法、工具形成整体认知框架。如果读者需要了解更加详细的内容，可以自行查阅相关资料。

任务二　理解网络爬虫与反爬虫

任务描述

爬虫是数据获取，特别是网络数据获取最常用的工具之一。本任务介绍了爬虫的基本概念及分类、爬虫的工作原理、爬虫的相关法律问题，以及反爬虫的目的与基本策略，使读者对爬虫有基本的了解，特别是对爬虫的工作机制有比较完整的理解和认识。当然，在使用爬虫工具时，要考虑到技术与社会、技术与法律的问题。在做任何事情之前都必须了解相关法律法规，增强法律意识，不能利用自己掌握的技术去做违法的事情。既然可以从网络爬取数据，当然也就会有相应的反制措施。随着网络的普及，数据安全问题越来越凸显。许多公司为了保护本企业的数据，往往采用各种措施防止数据被爬取。

任务目标

- 识记爬虫的基本概念。
- 识记爬虫的类型。
- 领会爬虫的工作原理。
- 识记爬虫的搜索策略。
- 领会反爬虫的目的。
- 领会反爬虫的常用策略。

微课

理解网络爬虫

任务实施

一、识记爬虫的定义

爬虫是根据一定的规则和条件，爬取互联网网页中相应信息（文本、图片等），然后把爬取的信息存储到本地计算机上的程序或脚本。简单来说，爬虫就是爬取目标网站内容的工具，一般是根据定义的行为自动进行爬取，更智能的爬虫会自动分析目标网站结构，类似于搜索引擎的爬虫。随着互联网的迅速发展，网络成了数据的主要来源之一。事实上，在Web 3.0时代，包括各种传感器产生的数据、网络用户产生的自媒体数据多数也通过网络传播和存储。因此，如何从网络上有效地提取并利用这些信息成为大数据时代的巨大挑战。

搜索引擎（search engine）是数据采集和提取程序它也是网络爬虫的典型应用之一。人们熟知的百度、Google、搜狗等搜索引擎，都是根据用户的要求（如关键字），作为一个辅助人们检索信息的工具帮助人们搜索感兴趣的页面（数据）。但是，目前的搜索引擎也存在着一定的局限性，我们来一起梳理一下。

（1）无法准确返回用户感兴趣的网页（数据）。用户在使用搜索引擎时通常基于关键字进行搜索，搜索的结果往往包含大量的网页（数据），其中用户真正感兴趣的可能只是一小部分，用户还必须在结果中逐页寻找自己感兴趣的内容。

（2）网络数据形式丰富多样，图片、数据库、音频、视频等结构化或非结构化的数据比比皆是，搜索引擎面对如此纷繁复杂的数据有时会显得力不从心。

（3）通用搜索引擎大多提供基于关键字的检索，对于数据的获取仅仅是基于关键字的匹配。这样就无法描绘用户关键字背后的语义信息，从而产生大量的无用信息。其次，仅仅通过关键字匹配来搜索数据的方式无法对图形、图像、音频、视频等非文字类的数据进行准确搜索。

基于上述局限，各种类型的爬虫被开发出来。例如，定向爬取网页资源的聚焦爬虫，这是一个自动下载网页的程序，它根据既定的爬取目标，有选择地访问网络上的网页与相关的链接，获取所需要的信息，其特点是并不追求大的覆盖，而将目标定为爬取与某一特定主题内容相关的网页。

网络爬虫的结构主要是控制器、解析器、资源库。控制器的主要工作是负责给多线程中的各个爬虫线程分配工作任务。解析器的主要工作是下载网页并进行页面的处理，主要是将一些JavaScrip脚本标签、CSS代码内容、空格字符、HTML标签等内容处理掉；可以看出，爬虫的基本工作是由解析器完成。资源库用来存放下载的网页资源，一般都采用大型的数据库存储并对其建立索引。

二、识记爬虫的分类

网络爬虫按照系统结构和实现技术，大致可以分为通用网络爬虫（general purpose web crawler）、聚焦网络爬虫（focused web crawler）、增量式网络爬虫（incremental web crawler）、深层网络爬虫（deep web crawler）等四类，不过实际的网络爬虫通常是几种爬虫技术相结合实现的。

（一）通用网络爬虫

通用网络爬虫又称全网爬虫，爬行对象从一些URL扩充到整个Web，主要为门户站点搜索引擎和大型Web服务提供商采集数据。这类网络爬虫的爬取范围和数量巨大，对于爬取速度和存储空间要求较高，对于爬取页面的顺序要求相对较低。同时，由于待刷新的页面太多，通常采用并行工作方式，但需要较长时间才能刷新一次页面。通用网络爬虫适用于为搜索引擎搜索广泛主题的场景，有较强的应用价值。

(二)聚焦网络爬虫

聚焦网络爬虫,是指选择性地爬取那些与预先定义主题相关的网络爬虫。与通用网络爬虫相比,聚焦爬虫只需要爬取与主题相关的页面,极大地节省了硬件和网络资源,保存的页面也由于数量少而更新快,还可以很好地满足一些特定人群对特定领域信息的需求。

(三)增量式网络爬虫

增量式网络爬虫是指对已下载网页采取增量式更新和只爬取新产生的或者已经发生变化网页的爬虫,它能够在一定程度上保证所爬取的页面是尽可能新的。增量式爬虫只会在需要的时候爬取新产生或发生更新的页面,并不重新下载没有发生变化的页面,可有效减少数据下载量,及时更新已爬行的网页,减小时间和空间上的耗费,但是增加了爬取算法的复杂度和实现难度。增量式爬虫有两个目标:保持本地页面集中存储的页面为最新页面和提高本地页面集中页面的质量。

(四)深层网络爬虫

Web 页面按存在方式可以分为表层网页(surface web)和深层网页(deep web)。表层网页是指传统搜索引擎可以索引的页面,以超链接可以到达的静态网页为主。深层网页是那些大部分内容不能通过静态链接获取的、隐藏在搜索表单后的,只有用户提交一些关键词才能获得的 Web 页面。例如,用户注册后其内容才可见的网页就属于深层页面。

主要类别网络爬虫的比较见表 1-1。

表 1-1　主要类别网络爬虫的比较

名　称	场　景	特　点	缺　点
通用网络爬虫	门户站点搜索引擎、大型 Web 服务提供商采集数据	爬取范围的数据量巨大,爬取页面顺序要求低,并行工作方式,爬取互联网上的所有数据	爬虫速度和存储空间要求高、刷新页面时间长
聚焦网络爬虫	又称主题网络爬虫,只爬取特定的数据,进行商品比价	极大节省了硬件和网络资源,页面更新快	可能忽略了一些相关但不在目标领域内的信息。 对于互联网上其他领域的信息不够全面
增量式网络爬虫	只爬取刚刚更新的数据	数据下载量少,及时更新已爬取的网页,减少时间和空间上的消耗,爬取的都是最新页面	增加了爬行算法的复杂度和实现难度
深层网络爬虫	针对使用大量前端技术构建的网站或者需要获取动态生成的内容	大部分内容不能通过静态链接获取,隐藏在搜索表单后,用户提交一些关键词才能获取	对于技术复杂、动态内容较多的网站,实现难度较大。 对服务器和网络资源要求较高

三、领会爬虫的工作原理

不同类型的网络爬虫,其实现原理也是不同的,以两种典型的网络爬虫为例(通用网络爬虫和聚焦网络爬虫),分别简要介绍其实现原理。

(一)通用网络爬虫的工作原理

通用网络爬虫的实现过程如图1-11所示。

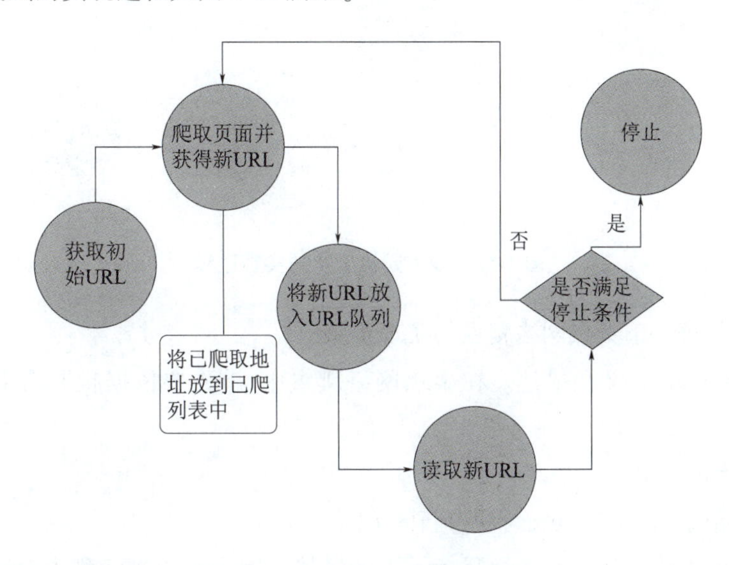

图1-11　通用网络爬虫的实现过程

下面简要梳理一下图1-11中的实现步骤。

(1)获取初始的URL。初始的URL地址可以由用户指定,也可以由用户指定的一个或多个初始爬取网页决定。

(2)根据初始的URL爬取相关页面并获得新的URL。获得初始的URL地址之后,首先需要爬取对应URL地址中的网页,在爬取了网页后,将网页存储到原始数据库中,并且在爬取网页的同时,发现新的URL地址,同时将已爬取的URL地址存放到一个URL列表中,用于去重及判断爬取的进程。

(3)将新的URL放到URL队列中。获取了下一个新的URL地址之后,会将新的URL地址放到URL队列中。

(4)从URL队列中读取新的URL,并依据新的URL爬取网页,同时从新网页中获取新URL,并重复上述爬取过程。

(5)满足爬虫系统设置的停止条件时,停止爬取。在编写爬虫时,一般会设置相应的停止条件。如果没有设置停止条件,爬虫则会一直爬取下去,一直到无法获取新的URL地址为止,若设置了停止条件,爬虫则会在停止条件满足时停止爬取。

(二)聚焦网络爬虫的工作原理

聚焦网络爬虫的实现过程如图1-12所示。

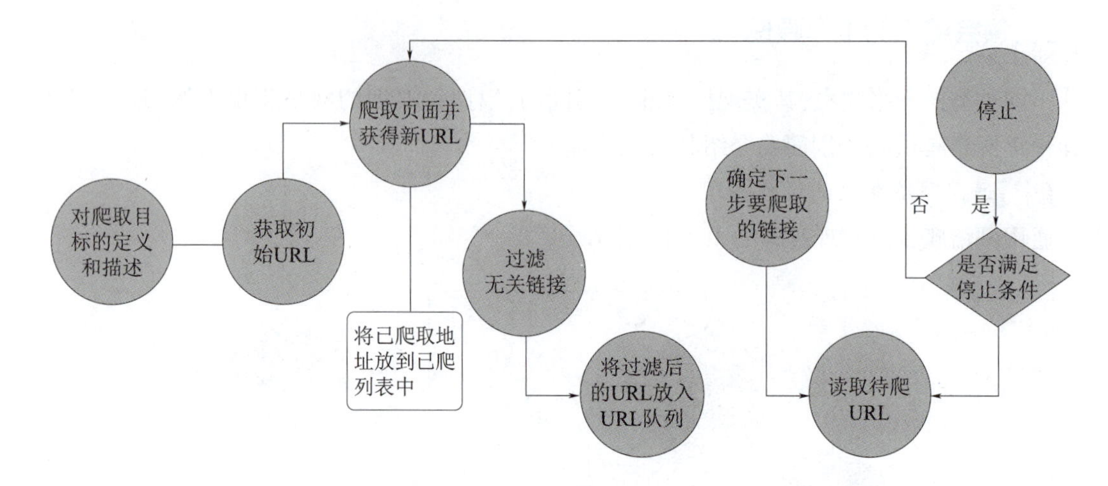

图 1-12　聚焦网络爬虫的实现过程

下面同样来梳理一下聚焦网络爬虫的实现步骤。

(1)对爬取目标的定义和描述。在聚焦网络爬虫中,首先要依据爬取需求定义爬取的目标,并进行相关的描述。

(2)获取初始的 URL。

(3)根据初始的 URL 爬取页面,获得新的 URL。

(4)从新的 URL 中过滤掉与爬取目标无关的链接。因为聚焦网络爬虫对网页的爬取是有主题的,所以与主题无关的网页将会被过滤掉。同时,也需要将已爬取的 URL 地址存放到一个 URL 列表中,用于去重和判断爬取的进程。

(5)将过滤后的链接放到 URL 队列中。

(6)在 URL 队列中,根据搜索算法确定 URL 的优先级,并确定下一步要爬取的 URL 地址。由于爬取具有目的性,故而对于聚焦网络爬虫来说,不同的爬取顺序可能导致爬虫的执行效率不同。

(7)从下一步要爬取的 URL 地址中,读取新的 URL,然后依据新的 URL 地址爬取网页,并重复上述爬取过程。

(8)满足系统中设置的停止条件或者无法获取新的 URL 地址时,停止爬取。

四、识记爬虫的搜索策略

网页的爬取策略可以分为深度优先、广度优先和最佳优先三种。深度优先在很多情况下会导致爬虫陷入问题,目前常见的是广度优先和最佳优先方法。

(一)广度优先搜索

广度优先搜索是数据结构遍历图结点的基本算法之一。由于组成网络的各个页面可以看成是结点,网页之间的链接可以看成是结点之间的连接,因此网络可以抽象为一个图的结构。这样就可以运用广度优先搜索对页面(结点)进行搜索。其策略是在搜索过程中,先访问起始结点的所有直接邻居,再逐层向外扩展。在聚焦爬虫中也可以使用广度优先搜索策略。其基本思想是基于如下观点:与初始 URL 在一定链接距离内的网页具有主题相关性的概率很大。除此之外,可以将广度优先搜索与网页过滤技术结合使用,先用广度优先策略爬取网页,再将其中无关的网页过滤掉。

(二)最佳优先搜索

最佳优先搜索策略按照一定的网页分析算法,预测候选 URL 与目标网页的相似度,或与主题的相关性,并选取评价最好的一个或几个 URL 进行爬取。它只访问经过网页分析算法预测为“有用”的网页。因为最佳优先搜索策略是一种局部最优搜索算法,容易陷入“早熟”,即局部最优,因此需要将最佳优先与其他优化算法相结合,使其跳出局部最优点。

(三)深度优先搜索

深度优先搜索是在开发爬虫早期使用较多的方法,目的是达到被搜索结构的叶结点。在一个 HTML 文件中,当一个 URL 被选择后,被选 URL 将执行深度优先搜索,搜索后得到新的 HTML 文件,再从新的 HTML 获取新的 URL 进行搜索。依此类推,不断地爬取 HTML 中的 URL,直到 HTML 中没有 URL 为止。

深度优先搜索沿着 HTML 文件中的 URL 走到不能再深入为止,然后返回到某一个 HTML 文件,在继续选择该 HTML 文件中的其他 URL。当不再有其他 URL 可选择时,说明搜索已经结束。其优点是能遍历一个 Web 站点或深层嵌套的文档集合;缺点是因为 Web 结构相当深,有可能出现一旦进去再也出不来的情况。

微课

理解网络反爬虫

五、领会反爬虫的目的和策略

(一)反爬虫的目的

爬虫工具为获取数据带来了便利,然而,爬虫技术犹如一把双刃剑,对数据的过度爬取会给数据所有者带来负面的影响。如果对于爬虫不加以某种程度的限制,就会产生数据安全的问题。网络上有不少数据涉及个人隐私、商业秘密甚至国家机密,如果对于这类数据的爬取不加以防备,就会导致个人隐私泄露、经济利益受损,乃至给国家和社会带来危害。总之,无限制地过度爬取数据对个人、团体、公司、社会以及国家都会产生不利影响。

(二)反爬虫的策略

反爬虫技术主要针对其数据采集部分,可从 Headers 信息处理、Cookie 限制验证码进行限制。验证码限制已成为最有效的阻断技术之一,通过用户行为检测(爬虫的访问总数会远高于正常访问数,设置一个阈值,如果同一 IP 短时间内多次访问同一页面,或者同一账户短时间内多次进行相同操作,超过阈值时则可判定为爬虫访问)进行。

1. IP 地址限制

爬虫爬取某个网站数据时,会在短时间内发出大量访问请求,这些请求 IP 都是同一个。因此,网站会设置访问阈值,针对超过阈值的异常 IP,网站可以禁止其访问。但是对于大量用户来说,公网 IP 地址相同,这种方法容易误伤普通用户,所以,一般采取禁止一段时间访问。

2. 账号限制

目前大部分网站会设置会员限制，部分数据及操作只能登录账号才能访问，这一做法限制了普通爬虫随意访问。但深层爬虫可以通过携带 Cookie 信息，突破网站权限设置，继续爬取数据。网站可以实时监测账号访问频率，设置访问频率限制，当某一账号访问超过限制时，即可视为异常账号，禁止其访问。

3. 登录控制

网站通过浏览器请求信息中的 Cookie 信息来判断该请求是否有权限访问核心数据，一般网站直接输入用户的账号和密码即可成功登录并获取 Cookie 信息。针对这一操作，爬虫通过分析网页 HTML 源码来模拟发送请求，就能正常获取 Cookies 信息。于是部分网站设置了验证码等验证方式，只有成功输入验证码，才能获取 Cookie 信息。同时，部分网站还会设置 Session 方式进行账号认证，只有获取服务器对用户的唯一标识 ID，才能得到 Cookies 信息。

4. 网页数据异步加载

早期简单网页采取静态网页方式，网页所有内容都包含在 HTML 源码中，爬虫通过伪造请求，获取并分析网页 HTML 源码，就能提取出自己想要的数据。

随着网页技术的发展，动态网页逐渐成为主流。动态网页相对于静态网页而言，显示的内容可以随着时间、环境或者数据库操作的结果而发生改变。如果爬虫只是单纯分析 HTML 源码，将无法获取有效数据。

5. robots 协议

为了防止网站数据被爬取，除了上述方法外，还可以使用一种被称作 robots 的协议。robots 协议也叫作 robots. txt，它是一种放在网站根目录的文本文件。该文件表明网站哪些内容是可以被爬取的，哪些内容是不可以被爬取的。当一个爬虫程序访问一个站点时，它会首先检查该站点根目录下是否存在 robots. txt，如果存在，爬虫程序就会按照该文件中的内容来确定访问的范围；如果不存在，爬虫程序将能够访问网站上所有没有被保护的数据。

任务小结

本任务主要介绍了爬虫工具的定义、分类、工作原理、搜索策略，以及反爬虫的目的和策略。

爬虫工具其实就是一个计算机程序，它根据搜索目标并通过一定的搜索算法搜寻、传输数据。根据应用背景、搜索方式等的不同，爬虫工具可以分成不同的类型，不同类型的爬虫有不同的特点和应用领域。在实际工程或项目中应根据项目的背景和需求选择适当的爬虫工具和搜索方案。

数据安全是每个企业所面临的安全问题之一，如何保护数据安全成为信息安全的课题之一。保护数据安全所涉及的方面很多，包括技术、管理、法律等。本任务从数据获取这一技术层面出发，介绍了防止数据被爬取的基本策略。当然，防止数据被爬取的策略不止上文所列的几点，有兴趣的读者可以查阅相关资料了解更多的反爬虫策略。

任务三　学习爬虫开发基础知识

任务描述

本任务主要介绍学习爬虫前的一些基础知识，这里的内容包括 HTTP 基础原理、网页基础以及会话和 Cookies。特别是网页基础知识，必须要深入了解它的细节和工作原理，对于后续爬虫的操作流程起到知识铺垫作用。

任务目标

- 掌握 HTTP 基础原理。
- 掌握网页基础知识。
- 掌握会话和 Cookies。

任务实施

微课

理解 HTTP 基本原理

一、掌握 HTTP 基本原理

本任务将介绍有关网页的基本知识，包括网络协议、网页请求与响应的工作原理、网页的 HTML 结构、层叠样式表(CSS)、会话和 Cookies 等。这些内容不但可以帮助理解读者网页是如何工作的，而且也是在后面编程实现爬虫时不可缺少的知识。

（一）HTTP 和 HTTPS

HTTP(hypertext transfer protocol，超文本传输协议)是 Web 中最重要的协议之一，它主要实现从客户端到服务器端的请求、数据传输、响应等一系列过程的封装。Internet 主要采用 TCP/IP 协议，而不是 ISO/OSI 的七层协议，这是一个四层或五层网络协议，如图 1-13 所示。四层协议主要是网络接口层、网际层、传输层和应用层，网络接口层又分为物理层和数据链路层，HTTP 则位于应用层。

（a）四层结构

（b）五层协议

图 1-13　TCP/IP 协议结构

HTTP 中有一个很重要的概念是 URL，其作用是标记资源在网络上的位置。它一般由协议名称、主机名、端口号、访问路径和资源名称构成。例如，https://www. ×××××. com/http/http-intro. html 就是一个 URL,其中 https 就是协议名称,www. ×××××. com 是主机域名,/http/是访问路径,http-intro. html 是资源名,它是一个 HTML 文件。

上面所举的 URL 例子中,协议部分没有用 http,而是用了 https。HTTPS 其实就是在 HTTP 的基础之上加了一个安全层 SSL(secure socket layer),它主要针对传统的 HTTP 协议在安全上的缺陷而提出的。在现实的应用中,网络的安全性越来越被人们所重视,数据安全也是目前网络应用最基本的需求。例如,在网上银行进行交易、网络支付、身份认证等应用背景中都需要提供安全保障。因此,凡是通过 HTTPS 传输的数据都是被加密的,保证了数据的安全性。目前,HTTPS 是网站采用的主流协议,例如百度就采用了 HTTPS 协议,如图 1-14 所示。

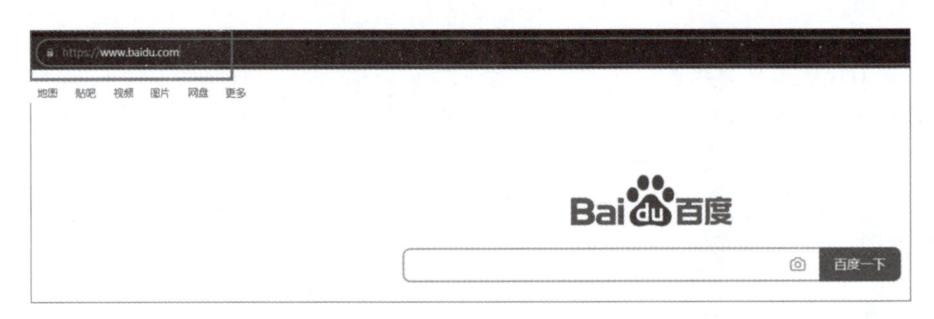

图 1-14 采用 HTTPS 的百度网址

可以发现,在 HTTPS 协议的 URL 左边有一个🔒图标,表示这个 URL 传送的数据是被加密的。

(二)HTTP 请求过程

只要在浏览器中输入某个网站的网址(即 URL),按【Enter】键之后就会在浏览器中显示该网站页面。首先,当输入网址并按【Enter】键后,浏览器就向网站的服务器发送一个请求,网站服务器接收到这个请求之后对该请求进行处理和解析,寻找客户端所需要的资源,不论是否找到,服务器都会生成一个响应,然后返回给客户端。响应里面包含了客户端请求的资源信息以及其他状态信息等内容,浏览器再对其进行解析并将结果显示在浏览器中。其工作原理如图 1-15 所示。

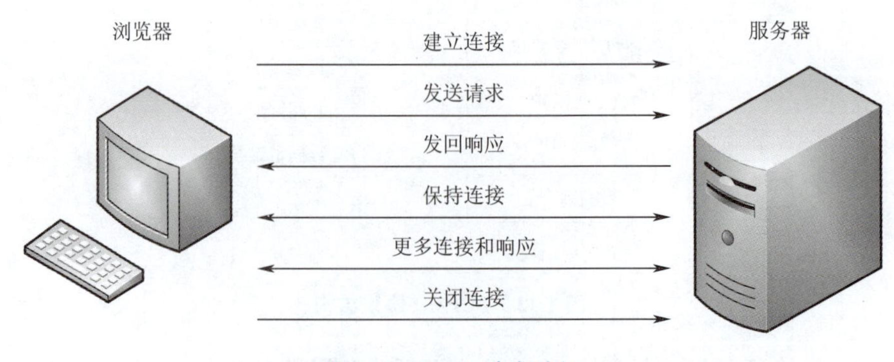

图 1-15 HTTP 请求过程

为了直观地显示这个过程，可以用 Chrome 浏览器的开发者模式了解请求和响应的过程。打开 Chrome 浏览器，在地址栏输入 www. baidu. com，然后按【Enter】键，在弹出的页面中选择"更多工具"→"开发者工具"命令，打开"开发者工具"窗口。单击窗口 Application 菜单，在左侧窗口选择 Storage→Cookie 选项，选择一个 Cookie，即可显示 Cookie 内容，如图 1-16 所示。

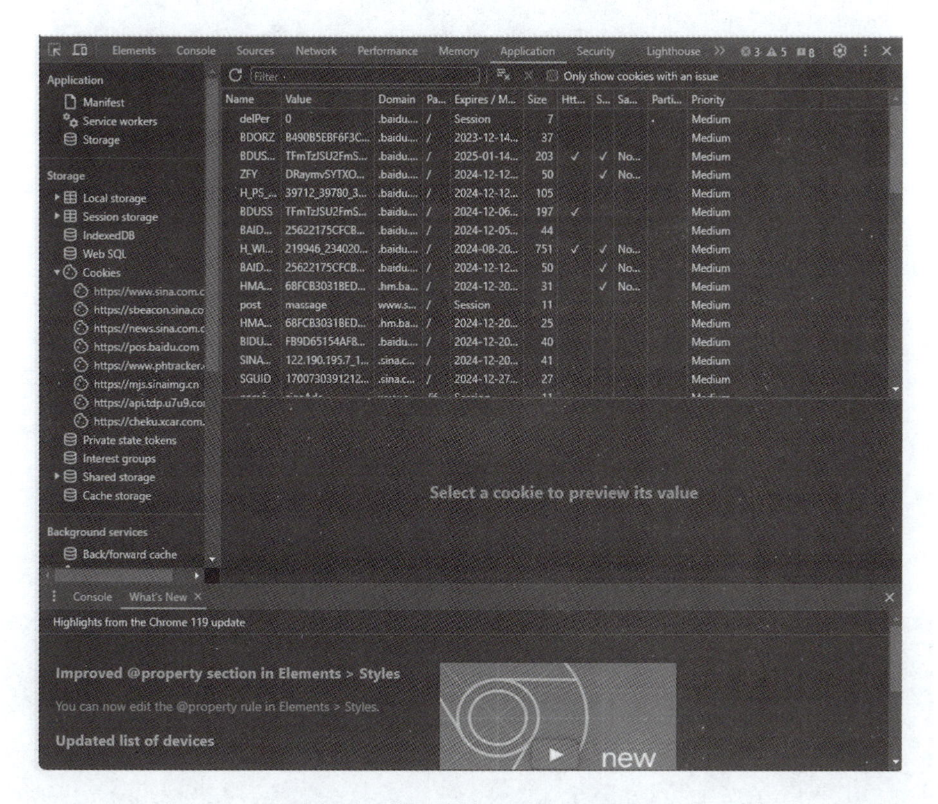

图 1-16　进入 Chrome 开发者模式

打开 Chrome 浏览器，进入开发者工具，输入网址 http://www. sina. com. cn，在开发者工具中选择 Network，选中表格中名称为 www. sina. com. cn 的数据条目，如图 1-17 所示。这时可以看到在 Network 的 Headers 列出了很多请求和响应的信息，这些信息代表发送一次请求和接收响应的过程。

下面看一下图 1-17 中的参数项及其含义。

- Request URL：请求网页的地址，即 URL。
- Request Method：请求方法。
- Status Code：响应状态码。200 表示响应是正常的。
- Remote Address：远程地址。
- Referrer Policy：安全策略。

如果单击 Name 下的新浪网址，选择 Headers，可看到请求和响应的详细信息，如图 1-18 所示。

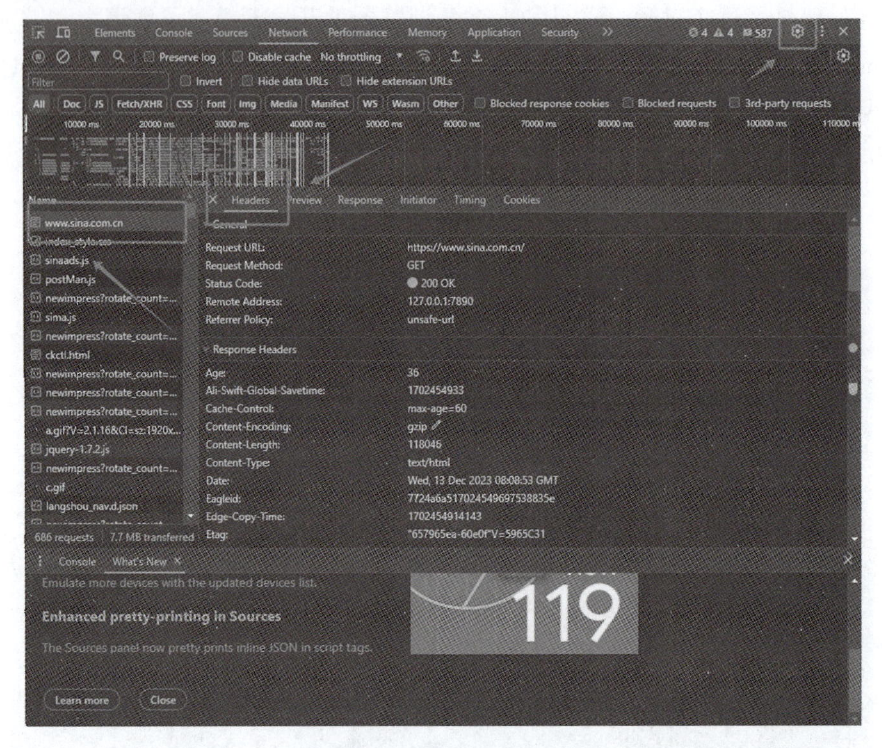

图 1-17　请求和响应的过程

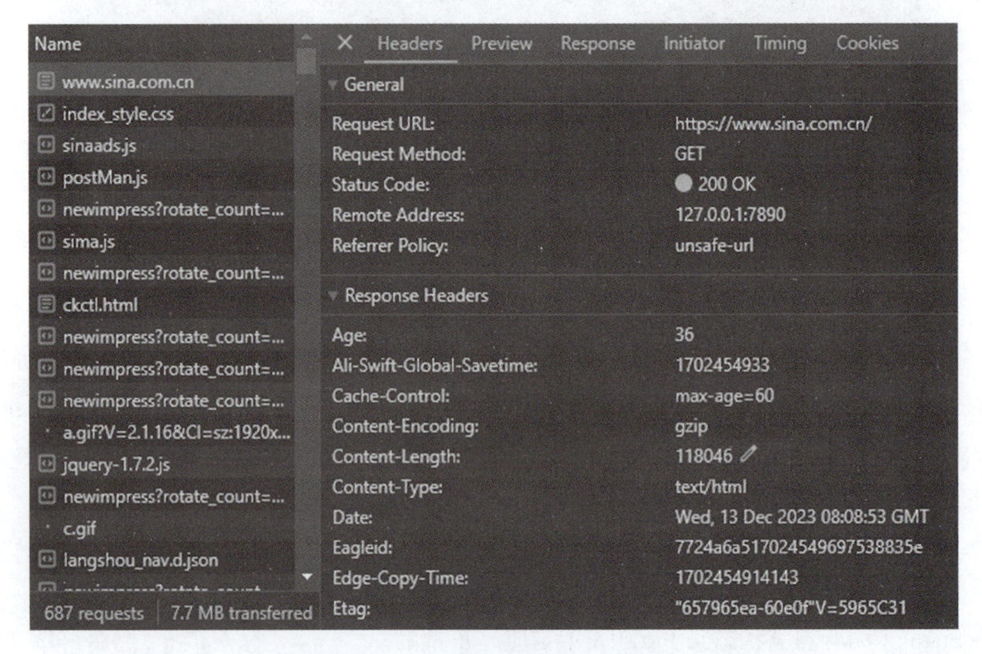

图 1-18　发送和请求的详细信息

Headers 参数页面包含 Gerneral、Request Headers(页面最底部)和 Response Headers 三部分。首先是 General 部分，Request URL 为请求的网址，Request Method 为请求的方法，这里是 GET。Status Code 为响应状态码，Remote Address 为远程服务器的地址和端口，Referrer Policy 用于

设置 referrer。所谓 referrer，是指当一个用户单击当前页面中的一个链接，然后跳转到目标页面时，目标页面会收到一个信息，即用户是从哪个源链接跳转过来的。Referrer Policy 的作用是为了控制请求头中 referrer 的内容，它有很多取值，代码如下：

```
enum ReferrerPolicy {
    "",
    "no-referrer",
    "no-referrer-when-downgrade",
    "same-origin",
    "origin",
    "strict-origin",
    "origin-when-cross-origin",
    "strict-origin-when-cross-origin",
    "unsafe-url"
};
```

在此，Referrer Policy 的值为 origin-when-cross-origin，表示当发请求给同源网站时，浏览器会在 referrer 中显示完整的 URL 信息；发给非同源网站时，则只显示源地址（协议、域名、端口）并且不允许 referrer 信息显示在从 https 网站到 http 网站的请求中。其余取值不再一一介绍，有兴趣的读者可以查阅相关资料。

接下来是 Response Headers 和 Request Headers，分别代表响应头和请求头。响应头是在服务器向客户端发送 HTTP 响应时，包含在响应消息中的一组元数据。它们提供了关于服务器、响应内容和其他相关信息的描述，如响应状态码、响应内容的类型、服务器类型和版本等。请求头里面带有请求信息，如浏览器标识、Cookies、Host 等信息，这是 Request 的一部分，服务器根据请求头内的信息判断请求是否合法，进而做出响应。

（三）Request

Request（请求）由客户端向服务端发出。Request 主要包含 Request Method（请求方式）、Request URL（请求链接）、Request Headers（请求头）和 Request Body（请求体）四部分内容。

1. Request Method（请求方式）

常见的请求方式有 GET 和 POST 两种

在 GET 请求方式中，参数是包含在 URL 里面的，数据可以在 URL 中看到。例如，在百度中搜索重庆交通大学，显示的 URL 为 https://www.baidu.com/s?wd=重庆交通大学。其中，wd 就是 URL 的参数，也就是要搜索的关键字。这个参数是放在 URL 后面的，以“?”作为分隔符，这就是 GET 请求。GET 请求提交的数据最多为 1024B。可以看出，把参数放在 URL 后面是不安全的。假如参数是用户的账号和密码，那么采用 GET 方式就会造成信息的不安全，因此需要采用 POST 方式。

POST 请求的 URL 不会包含参数信息，参数通过表单的形式传输，表单包含在请求体中。所以一般来说，网站登录验证时，需要提交用户名密码，由于包含了敏感信息，最好以 POST 方式发送。另外，上传文件时，由于文件比较大，一般也会选用 POST 方式。此外，POST 方式没有字符长度限制。

除了常见的 GET 和 POST 请求方式之外，还有其他的请求方式，如 HEAD、PUT、DELETE、OPTIONS、CONNECT、TRACE 等，具体见表 1-2。

表 1-2　Requests 其他请求方式

序　号	方　法	描　述
①	HEAD	类似于 GET 请求，只不过返回的响应中没有具体的内容，用于获取报头
②	PUT	从客户端向服务器传送的数据取代指定的文档的内容
③	DELETE	请求服务器删除指定的页面
④	CONNECT	HTTP/1.1 协议中预留给能够将连接改为管道方式的代理服务器
⑤	OPTIONS	允许客户端查看服务器的性能
⑥	TRACE	回显服务器收到的请求，主要用于测试或诊断
⑦	PATCH	是对 PUT 方法的补充，用来对已知资源进行局部更新

2. Request URL（请求链接）

Request URL 相对比较好理解，它就是客户端请求的网址。

3. Request Headers（请求头）

Request Headers 十分重要，它包含了许多请求信息。其中，比较重要的信息有 Cookie、Referrer、User-Agent 等。下面通过表 1-3 来详细了解一下这些信息。

表 1-3　HTTP Header 请求头信息

协 议 头	说　明	示　例	状　态
Accept	可接的响应内容类型（Content-Types）	Accept：text/plain	固定
Accept-Charset	可接受的字符集	Accept-Charset：utf-8	固定
Accept-Encoding	可接受的响应内容的编码方式	Accept-Encoding：gzip，deflate	固定
Accept-Language	可接受的响应内容语言列表。	Accept-Language：en-US	固定
Accept-Datetime	可接受的按照时间来表示的响应内容版本	Accept-Datetime：Sat，26 Dec 2015 17：30：00 GMT	临时
Authorization	用于表示 HTTP 协议中需要认证资源的认证信息	Authorization：Basic OSdjJGRpbjpvcG-VuIANlc2SdDE＝＝	固定
Cache-Control	用来指定当前的请求/回复，是否使用缓存机制	Cache-Control：no-cache	固定
Connection	客户端（浏览器）想要优先使用的连接类型	Connection：keep-alive	固定
Cookie	由之前服务器通过 Set-Cookie（见下文）设置的一个 HTTP 协议 Cookie	Cookie：Version＝1；Skin＝new；	固定：标准
Content-Length	以八进制表示的请求体的长度	Content-Length：348	固定
Content-MD5	请求体的内容的二进制 MD5 散列值（数字签名），以 Base64 编码的结果	Content-MD5：oD8dH2sgSW50ZWd-yaIEd9D＝＝	废弃

续表

协 议 头	说 明	示 例	状 态
Content-Type	请求体的 MIME 类型(用于 POST 和 PUT 请求中)	Content-Type: application/x-www-form-urlencoded	固定
Date	发送该消息的日期和时间(以 RFC7231 中定义的"HTTP 日期"格式来发送)	Date:Dec,26 Dec 2015 17:30:00 GMT	固定
Expect	表示客户端要求服务器做出特定的行为	Expect:100-continue	固定
From	发起此请求的用户的邮件地址	From:user@ itbilu. com	固定
Host	表示服务器的域名以及服务器所监听的端口号。如果所请求的端口是对应的服务的标准端口(80),则端口号可以省略	Host:www. itbilu. com:80	固定
		Host:www. itbilu. com	
If-Match	仅当客户端提供的实体与服务器上对应的实体相匹配时,才进行对应的操作。主要用于像 PUT 这样的方法中,仅当从用户上次更新某个资源后,该资源未被修改的情况下,才更新该资源	If-Match:"9jd00cdj34pss9ejqiw39d82-f20d0ikd"	固定
If-Modified-Since	允许在对应的资源未被修改的情况下返回 304 未修改(304 Not Modified)	If-Modified-Since: Dec, 26 Dec 2015 17:30:00 GMT	固定
If-None-Match	允许在对应的内容未被修改的情况下返回 304 未修改,参考 超文本传输协议 的实体标记	If-None-Match:"9jd00cdj34pss9ejqiw-39d82f20d0ikd"	固定
If-Range	如果该实体未被修改过,则返回所缺少的那一个或多个部分。否则,返回整个新的实体	If-Range:"9jd00cdj34pss9ejqiw39d82-f20d0ikd"	固定
If-Unmodified-Since	仅当该实体自某个特定时间以来未被修改的情况下,才发送回应	If-Unmodified-Since:Dec,26 Dec 2015 17:30:00 GMT	固定
Max-Forwards	限制该消息可被代理及网关转发的次数	Max-Forwards:10	固定
Origin	发起一个针对跨域资源共享的请求(该请求要求服务器在响应中加入一个 Access-Control-Allow-Origin 的消息头,表示访问控制所允许的来源)	Origin:http://www. itbilu. com	固定:标准
Pragma	与具体的实现相关,这些字段可能在请求/回应链中的任何时候产生	Pragma:no-cache	固定
Proxy-Authorization	用于向代理进行认证的认证信息	Proxy-Authorization:Basic IOoDZRg-DOi0vcGVuIHNlNidJi2 = =	固定
Range	表示请求某个实体的一部分,字节偏移以 0 开始	Range:bytes = 500-999	固定

续表

协议头	说明	示例	状态
Referer	表示浏览器所访问的前一个页面，可以认为是之前访问页面的链接将浏览器带到了当前页面。Referer 其实是 Referrer 这个单词，但 RFC 制作标准时拼错了，后来也就将错就错使用 Referer 了	Referer：http://itbilu.com/nodejs	固定
TE	浏览器预期接受的传输时的编码方式：可使用回应协议头 Transfer-Encoding 中的值（还可以使用"trailers"表示数据传输时的分块方式）用来表示浏览器希望在最后一个大小为0的块之后还接收到一些额外的字段	TE：trailers，deflate	固定
User-Agent	浏览器的身份标识字符串	User-Agent：Mozilla/…	固定
Upgrade	要求服务器升级到一个高版本协议	Upgrade：HTTP/2.0，SHTTP/1.3，IRC/6.9，RTA/x11	固定
Via	告诉服务器，这个请求是由哪些代理发出的	Via：1.0 fred，1.1 itbilu.com.com（Apache/1.1）	固定
Warning	一个一般性的警告，表示在实体内容体中可能存在错误	Warning：199 Miscellaneous warning	固定

4. Request Body（请求体）

对于 POST 方式，请求体是 POST 请求中的表单数据，而对于 GET 请求体则为空。POST 请求方式中，在登录之前填写了用户名和密码，这些信息在提交时就表单的形式提交给服务器，这时 Request Headers Content-Type 应该是 application/x-www-form-urlencoded，只有将 Content-Type 转化为 application/x-www-form-urlencoded，数据才会以表单方式提交。例如，输入正确的账号和密码后进入某大学教务系统，这时查看 Chrome 开发者模式，发现 Request Headers 中 Content.type 为 application/x-www-form-urlencoded，如图 1-19 所示。

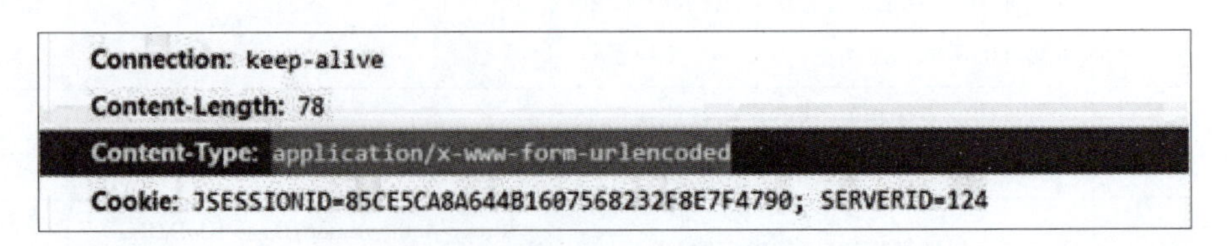

图 1-19　登录系统后的请求头

Content-Type 还可以设置为其他值，例如可以设置为 application/json 提交 JSON 数据，或者设置为 multipart/form-data 上传文件。常见的媒体格式类型如下：

（1）text/html：HTML 格式。

(2)text/plain:纯文本格式。

(3)text/xml:XML 格式。

(4)image/gif:gif 图片格式。

(5)image/jpeg:jpg 图片格式。

(6)image/png:png 图片格式。

以 application 开头的媒体格式类型如下:

(1)application/xhtml+xml:XHTML 格式。

(2)application/xml:XML 数据格式。

(3)application/atom+xml:Atom XML 聚合格式。

(4)application/json:JSON 数据格式。

(5)application/pdf:pdf 格式。

(6)application/msword:Word 文档格式。

(7)application/octet-stream:二进制流数据(如常见的文件下载)。

(8)application/x-www-form-urlencoded:<form encType=""中默认的 encType,form 表单数据被编码为 key/value 格式发送到服务器(表单默认的提交数据的格式)。

另外,媒体格式 multipart/form-data 是在表单中进行文件上传时使用的。

注意,在爬取数据中需要正确设置 POST 的 Content-Type,否则可能会导致 POST 提交后得不到正常的响应。

(四)Response

Response 是服务端返回给客户端的响应。Response 包括 Response Status Code(响应状态码)、Response Headers(响应头)和 Response Body(响应体)三部分。

1. Response Status Code(响应状态码)

响应状态码表示服务器的响应状态,如 200 代表服务器正常响应,404 代表页面未找到,500 代表服务器内部发生错误等。在爬取数据时,可以根据状态码来判断服务器响应状态,从而进一步进行处理。

HTTP 状态码由 3 个十进制数字组成,第一个十进制数字定义了状态码的类型,后两个数字没有分类的作用。HTTP 状态码共分为五种类型,具体见表 1-4。

表 1-4 HTTP 状态码分类

分 类	分 类 描 述
1**	信息,服务器收到请求,需要请求者继续执行操作
2**	成功,操作被成功接收并处理
3**	重定向,需要进一步操作以完成请求
4**	客户端错误,请求包含语法错误或无法完成请求
5**	服务器错误,服务器在处理请求的过程中发生了错误

表 1-5 列出了常见的错误代码、错误原因及状态码说明详情。

表 1-5　常见错误代码及说明

错误代码	错误原因	说　明
100	继续	请求者应当继续提出请求，服务器已收到请求的一部分，正在等待其余部分
101	切换协议	请求者已要求服务器切换协议，服务器已确认并准备切换
200	成功	服务器已成功处理了请求
201	已创建	请求成功并且服务器创建了新的资源
202	已接受	服务器已接受请求，但尚未处理
203	非授权信息	服务器已成功处理了请求，但返回的信息可能来自另一来源
204	无内容	服务器成功处理了请求，但没有返回任何内容
205	重置内容	服务器成功处理了请求，内容被重置
206	部分内容	服务器成功处理了部分请求
300	多种选择	针对请求，服务器可执行多种操作
301	永久移动	请求的网页已永久移动到新位置，即永久重定向
302	临时移动	请求的网页暂时跳转到其他页面，即暂时重定向
303	查看其他位置	如果原来的请求是 POST，重定向目标文档应该通过 GET 提取
304	未修改	此次请求返回的网页未修改，继续使用上次的资源
305	使用代理	请求者应该使用代理访问该网页
307	临时重定	向请求的资源临时从其他位置响应
400	错误	请求服务器无法解析该请求
401	未授权	请求没有进行身份验证或验证未通过
403	禁止访问	服务器拒绝此请求
404	未找到服务器	找不到请求的网页
405	方法禁用	服务器禁用了请求中指定的方法
406	不接受	无法使用请求的内容响应请求的网页
407	需要代理授权	请求者需要使用代理授权
408	请求超时	服务器请求超时
409	冲突	服务器在完成请求时发生冲突
410	已删除	请求的资源已永久删除
411	需要有效长度	服务器不接受不含有效内容长度标头字段的请求
412	未满足前提条件	服务器未满足请求者在请求中设置的其中一个前提条件
413	请求实体过大	请求实体过大，超出服务器的处理能力
414	请求 URI 过长	请求网址过长，服务器无法处理
415	不支持类型	请求的格式不受请求页面的支持
416	请求范围不符	页面无法提供请求的范围
417	未满足期望值	服务器未满足期望请求标头字段的要求
500	服务器内部错误	服务器遇到错误，无法完成请求
501	未实现	服务器不具备完成请求的功能

续表

错误代码	错误原因	说　　明
502	错误网关	服务器作为网关或代理,从上游服务器收到无效响应
503	服务不可用	服务器目前无法使用
504	网关超时	服务器作为网关或代理,没有及时从上游服务器收到请求
505	HTTP 版本不支持	服务器不支持请求中所用的 HTTP 协议版本

2. Response Headers(响应头)

响应头包含了服务器对请求的响应信息(见图 1-20),如 Content-Type、Server、Set-Cookie 等,一些常用的响应头信息说明如下:

- Date:标识响应产生的时间。
- Last-Modified:指定资源的最后修改时间。
- Content-Encoding:指定响应内容的编码。
- Server:包含了服务器的信息,如名称、版本号等。
- Content-Type:指定了返回的数据类型。
- Set-Cookie:设置 Cookie。Response Headers 中的 Set-Cookie 告诉浏览器需要将此内容放在 Cookies 中,下次请求携带 Cookies 请求。
- Expires:指定 Response 的过期时间。使用它可以控制代理服务器或浏览器将内容更新到缓存中,再次访问时,直接从缓存中加载,降低服务器负载,缩短加载时间。

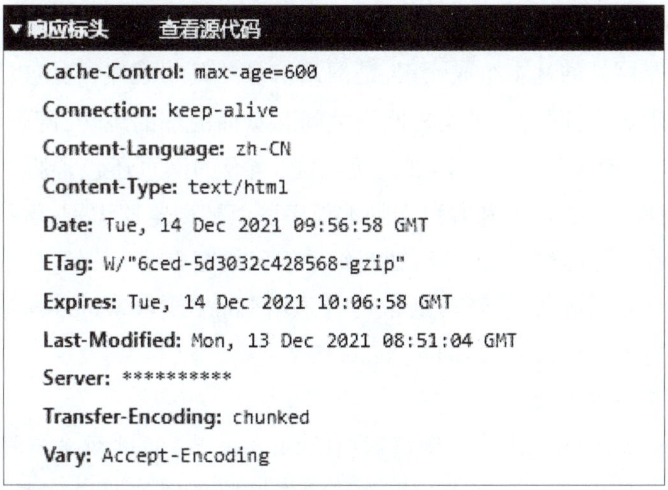

```
▼响应标头　　查看源代码
Cache-Control: max-age=600
Connection: keep-alive
Content-Language: zh-CN
Content-Type: text/html
Date: Tue, 14 Dec 2021 09:56:58 GMT
ETag: W/"6ced-5d3032c428568-gzip"
Expires: Tue, 14 Dec 2021 10:06:58 GMT
Last-Modified: Mon, 13 Dec 2021 08:51:04 GMT
Server: **********
Transfer-Encoding: chunked
Vary: Accept-Encoding
```

图 1-20　响应头信息

3. Response Body(响应体)

响应体是响应中最主要的内容,客户端请求的数据都放在响应体中,如请求一个网页,它的响应体就是网页的 HTML 代码;请求一个文件,它的响应体就是文件的二进制数据。爬取数据主要就是对响应体的数据进行解析,得到网页的源代码 JSON 数据等,便于做相应的内容提取。如果在 Chrome 开发者工具中单击 Preview,就可以看到网页的源代码,这就是响应体内容,是解析的目标数据,如图 1-21 所示。

教务处

- 首页　　站内搜索：　　提交
- 部门介绍
  - 教务处简介
  - 领导分工
  - 机构职责
  - 岗位职责
- 教学信息
  - 通知公告
  - 教务新闻
  - 质量报告
- 规章制度

图 1-21　响应体数据

了解 HTTP 会话机制

二、掌握网页基础知识

掌握爬取网络数据的技能,网页的基本知识是必不可少的。由于介绍网页知识的参考资料很多,这里仅就部分与学习爬虫工具相关的基本知识进行简单介绍,详细内容读者可以查阅相关资料。

(一)网页与网站

网页是网站的基本组成元素,是网站信息的基本载体,它可以包含文字、图片、动画、音频、视频等多种数据,同时为了实现网页之间和页面内部的跳转,网页还包含许多链接和锚。网页一般采用 HTML 编写,为了拓展网页功能,当今的网页还包含脚本语言、层叠样式表(CSS)、可交互的控件等。HTML 和客户端脚本程序可以被浏览器识别、解析和执行,也有一部分脚本和控件需要在服务器端执行,并将执行结果返回给客户端。

网站一般放在网站服务器上运行,通常可以采用 Linux 或者 Windows 作为服务器的平台,常见的服务器软件有 IIS、Tomcat、Apache、Nginx 等。

(二)静态网页和动态网页

在静态网页中,客户端使用 Web 浏览器(IE、Chrome 等)通过网络与服务器建立连接,采用 HTTP 协议向服务器发起一个请求(Request),告诉服务器需要得到哪个页面。服务器接收到客户端请求后,寻找客户端请求的数据。一旦找到,Web 服务器就返回给客户端,客户端接收到内容之后经过浏览器解析,得到显示的效果。为了让静态 Web 页面显示更加美观,可以使用诸如 JavaScript/VBScript/Ajax 等渲染网页。但是,这些程序都是在客户端的浏览器执行并展现给用户的,所以在服务器端并没有进行任何计算。静态网页存在很多缺点,如无法和服务器进行交互、无法访问数据库、客户端计算压力较大等。以下是一个静态网页的示例代码:

```
<! DOCTYPE html>
<html>
<head>
<meta charset="UTF-8">
<title>This is a Demo</title>
</head>
<body>
<div id="container">
<div class="wrapper">
<h2 class="title">Hello China</h2>
<p class="text">Hello,World .</p>
</div>
</div>
</body>
</html>
```

这个静态网页由基本的 HTML 代码编写而成,可以将其保存为一个 html 文件,然后把它放在服务器上。服务器安装 Apache 或 Nginx 等服务器软件,这台主机就可以作为 Web 服务器。客户端便可以通过访问服务器看到这个页面,从而搭建一个最简单的网站。但这个网页只能浏览,没有诸如登录、传送数据等交互功能。

为了解决静态网页存在的问题,我们引入了动态网页。在动态网页中,依然使用客户端和服务器端模式,客户端依然使用浏览器通过网络连接到服务器上,使用 HTTP 协议发起请求(Request),如果客户端请求的是静态资源,则将请求直接转交给 Web 服务器,之后 Web 服务器从文件系统中取出内容,发送回客户端浏览器进行解析。如果客户端请求的是动态资源(如 *.jsp、*.asp、*.aspx、*.php 等),则先将请求转交给 Web Container(Web 容器),在 Web Container 中执行相关服务器端的程序、连接数据库等,然后动态组成页面的展示内容,再把所有的展示内容交给 Web 服务器,之后通过 Web 服务器将内容发送回客户端浏览器进行解析。图 1-22 所示为动态网页的工作原理。

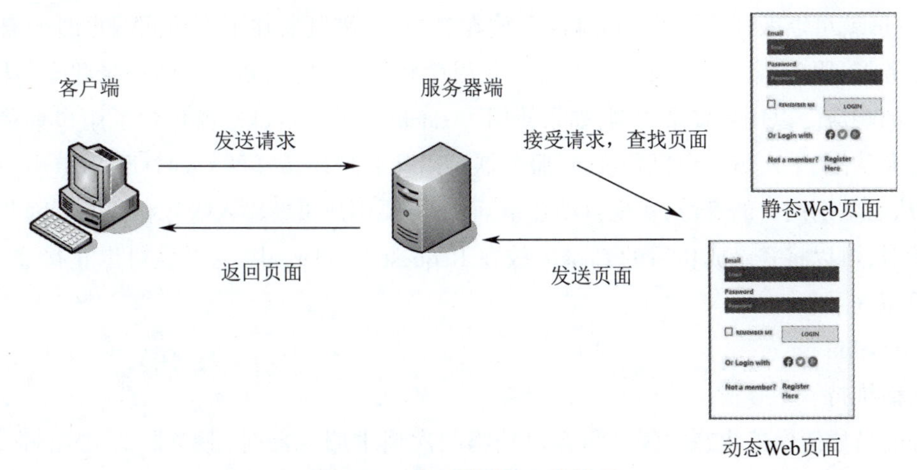

图 1-22　动态网页的工作原理

三、掌握会话和 Cookies

在浏览网站的过程中,经常会遇到需要登录的情况,因为有些页面只有登录之后才可以访问,而且登录之后可以连续访问很多次网站,但有时候过一段时间就需要重新登录。还有一些网站,在打开浏览器时就自动登录,而且很长时间都不会失效,这里面涉及会话和 Cookies 的相关知识。

(一)无状态 HTTP

无状态 HTTP 是指 HTTP 协议对事务处理是没有记忆的,也就是说服务器不知道客户端的连接状态。当客户端向服务器发送请求后,服务器解析此请求,然后返回对应的响应,这就是一次会话(连接)过程。这个过程与之前的连接状态没有任何关系,是一次独立的连接会话过程。因此,如果这个会话过程中断或者结束,那么在下一次建立连接时就要重复上述过程。这样,每一次都要重新地建立连接,传递同样的数据。显然这样的过程是重复的,每次传递同样的数据效率也不高。为了保持以前的连接状态,或者记录之前的连接状态(包括数据),就需要一种机制来实现。例如,当用户登录一个系统时,需要输入用户名和密码。当用户第一次输入用户名和密码成功登录系统后,如果以后该用户还要继续登录这个系统,但并不希望每次登录都输入同样的用户名和密码(比如用户名和密码比较长且比较复杂),而是希望系统能够记住第一次的连接状态,等到下一次连接时,不需要输入用户名和密码就可以直接登录。这时用于保持 HTTP 连接状态的技术——会话和 Cookie 应运而生。

会话就是客户端对服务器端的一次连接过程,会话在服务端用来保存用户的会话信息;只要会话一直保存在服务器上,服务器就会知道会话的状态,下一次再连接时,服务器就会读取会话信息并自动建立连接,而不需要客户端提供重复的数据。但是会话也有不足,当用户在应用程序的 Web 页之间跳转时,存储在会话对象中的变量将不会丢失,而是在整个用户会话中一直存在下去。一旦用户离开网站,会话就会丢失,再次访问服务器就要重新输入信息建立连接。

为了使用户在离开网站后还能够利用以前的状态信息连接到网站,就需要将状态数据永久存储,Cookie 就可以做到这一点。Cookie 存放在客户端,浏览器在下次访问网页时会自动把它发送给服务器,服务器识别 Cookie 并鉴定出是哪个用户,然后判断用户的登录状态,从而产生对客户端的响应。以用户登录为例,如果使用了 Cookie,那么 Cookie 就包含了用户登录某个网站的信息和状态,下次该用户再登录时,服务器可以从客户端传递的 Cookie 识别出用户的信息和状态,从而鉴别用户的身份,实现自动登录,而不需要用户重新输入账号和密码。因此在利用爬虫登录时,可以将登录成功后的 Cookie 放在 Request Headers 中,这样就可以直接登录,而不必重新模拟登录。

(二)Cookie

1. 会话维持

Cookie 是如何保持状态的呢?当客户端第一次请求服务器时,服务器的 Response Header 中会带有 Set-Cookie 字段,这个字段会发送给客户端,用来标记是哪一个用户,客户端将服务器发送过来的 Cookie 保存在本地磁盘上。当浏览器下一次再请求该网站时,浏览器会把保存的 Cookie 放到请求头中提交给服务器。Cookie 携带了会话 ID 信息,服务器检查该 Cookie 即可获取会话的信息和状态。在成功登录某个网站时,服务器会告诉客户端设置哪些 Cookie 信息。如果会话中的某些设置登录状态的变量是有效的,就证明用户处于登录状态,此时返回登录之后才可以查看网页内容。反之,如果传给服务器的 Cookie 是无效的,或者会话已过期,将不能访问页面,此时可能会收到错误的响应或者跳转到登录页面重新登录。

2. Cookie 属性结构

我们可以通过 Chrome 的开发者模式查看 Cookie 的内容。仍以某大学教务系统为例,在浏览器开发者工具中打开 Application 选项卡,在左侧找到 Storage,最后一项即为 Cookie,将其点开,就可以看到 Cookie 的详细属性信息,如图 1-23 所示。

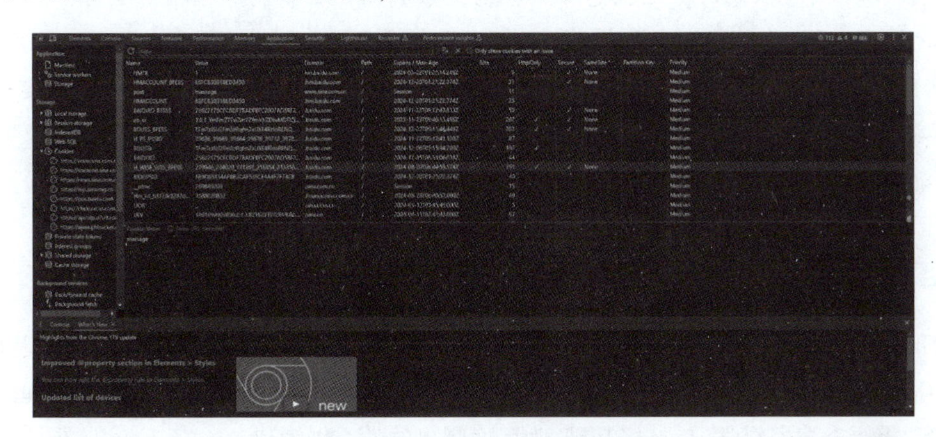

图 1-23　Cookie 的详细信息

Cookie 通常有如表 1-6 所示的属性,根据浏览版本的不同,可能只会显示其中的某些属性。

表 1-6　Cookie 属性及说明

属性名称	含　义	说　明
Name	(Cookie 名称)	只能用在 URL 中的字符,一般用字母及数字,不能包含特殊字符,若有特殊字符需要转码
Value	(Cookie 值)	Cookie 的取值,可以进行转码和加密
Expires	(过期日期)	一个 GMT 格式的时间,当过了这个日期之后,浏览器就会将这个 Cookie 删除掉,如果不设置,Cookie 在浏览器关闭后消失
Path	(Cookie 文件路径)	可以访问 Cookie 的文件路径,在这个路径下的页面才可以访问该 Cookie,一般设为"/",以表示同一个站点的所有页面都可以访问这个 Cookie
Domain	(子域)	指定可以访问 Cookie 的域,例如可以指定 one. com 下可以访问 Cookie,但在 two. com 下不能访问,则可将 Domain 设置成 one. com
Secure	(安全性)	指定 Cookie 是否只能通过 https 协议访问,一般的 Cookie 使用 HTTP 协议即可访问,但如果设置了 Secure,则只有使用 https 协议连接时 Cookie 才可以被页面访问
HttpOnly	(仅 Http)	如果在 Cookie 中设置了"HttpOnly"属性,那么通过程序(JS 脚本、Applet 等)将无法读取到 Cookie 信息

3. 会话 Cookie 和持久 Cookie

会话 Cookie 就是把 Cookie 放在浏览器内存中，浏览器关闭后该 Cookie 即失效，这相当于高级语言的一个内存变量；持久 Cookie 则会保存到客户端的硬盘中，下次访问时还可以继续使用，这相当于高级语言的文件。

实际上会话 Cookie 和持久 Cookie 是将 Cookie 的 Max Age 或 Expires 属性设置为 Cookie 的过期时间。因此，一些持久化登录的网站其实是把 Cookie 的有效时间和会话有效期设置得比较长，下次再访问页面时仍然携带之前的 Cookie，就可以直接保持登录状态。

大开眼界

HTTP 本身是无状态的。无状态即服务器无法判断用户身份。Cookie 实际上是一小段的文本信息(key-value 格式)。客户端向服务器发起请求，如果服务器需要记录该用户状态，就使用 Response 向客户端浏览器颁发一个 Cookie。客户端浏览器会把 Cookie 保存起来。当浏览器再请求该网站时，浏览器把请求的网址连同该 Cookie 一同提交给服务器。服务器检查该 Cookie，以此来辨认用户状态。

任务小结

本任务主要介绍了学习爬虫工具前的一些基础知识，包括 HTTP 基础原理、网页基础以及会话和 Cookie。网页知识是学习爬虫的基础，要深入了解网页的构成部分和工作原理，对于这部分内容，需要查找资料学习，打好基础，为后面爬虫的学习做铺垫。

思考与练习

一、选择题

1. 下列不属于常见爬虫类型的是(　　)。

A. 通用网络爬虫　　B. 增量式网络用爬虫

C. 浅层网络爬虫　　D. 聚焦网络爬虫

2. 下列不属于聚焦网络爬虫常用策略的是(　　)。

A. 基于深度优先的爬取策略　　B. 基于内容评价的爬取策略

C. 基于链接结构评价的爬取策略　　D. 基于语境图的爬取策略

3. 下面关于 Python 爬虫的功能，描述不正确的是(　　)。

A. 通用爬虫库 urllib3　　B. 通用爬虫库 Requests

C. 爬虫框架 Scrapy　　D. HTML/XML 解析器 pycurl

4. Cookie 的作用是(　　)。

A. 记录网络访问的状态　　B. 记录网络访问的路由

C. 记录网络访问的地点　　D. 记录网络访问的算法

5. 静态网页和动态网页的区别是(　　)。

A. 静态网页需要服务器计算,动态网页不需要。

B. 静态网页可以完成和服务器交互,动态网页不需要。

C. 动态网页需要服务器计算后传给客户,静态网页只需要客户端对数据解析。

D. 没有区别。

二、填空题

1. 当今的数据概念已经由传统的数值数据发展成为包含数值、____________、____________、____________等各种类型的数据。

2. 大数据的4V特征是指____________、____________、____________和____________。

3. 大数据采集系统主要包括____________、____________和____________。

4. ____________是一个开源的、运行于大规模集群的分布式计算平台,它的两大核心技术是HDFS和MapReduce。

5. ____________是具有代表性的大数据批处理技术。

6. ____________是基于内存计算的大数据并行计算框架,可用于构建大型的、低延迟的数据分析应用程序。

7. ETL在数据采集中扮演着极为重要的角色,其代表产品是____________。

8. Cookie可以分为____________和____________。

9. 服务器对客户的响应包括____________、____________和____________。

10. 反爬的策略可以包括____________、____________、____________、____________和____________。

三、简答题

1. 什么是大数据?

2. 大数据的特点有哪些?

3. 查阅资料,结合本章所介绍的内容,查找大数据的最新主流技术。

4. 什么是爬虫?

5. 爬虫的工作原理是什么?

6. 爬虫的主流技术有哪些?

7. 为什么要了解与爬虫相关的法律?

8. 查阅资料,目前主要的反爬虫技术有哪些?

9. 什么是Cookie? Cookie有什么作用?

10. 什么是静态网页和动态网页?

项目二　配置爬虫环境

任务一　安装 Python 3

任务描述

通过学习本任务,读者将了解如何在 Windows 和 Linux 操作系统下安装 Python,以及如何在 Anaconda 虚拟环境中配置 Python。为了使用集成开发环境(IDE),本任务将以 PyCharm 为开发环境,介绍如何在 PyCharm 中对 Python 的环境进行配置,以及对应的库在 PyCharm 中的安装。

任务目标

- 在 Windows 和 Linux 安装 Python。
- 应用 Anaconda 创建 Python 的虚拟环境。
- 应用集成开发环境(Pycharm)对 Python 进行配置。

任务实施

微课

安装 Python

一、了解 Python

Python 语言是跨平台的程序设计语言,在 20 世纪 90 年代初,由荷兰人吉多 · 范罗苏姆(Guido van Rossum)创建。Python 语言是具有简单、易学、速度快、免费、开源、可移植性好等优点的解释性语言。随着大数据和人工智能的广泛应用,Python 成为大数据和人工智能的主要开发语言。2024 年 9 月,TIOBE 公布了编程语言排行榜月度榜单,Python 继续稳居榜首。在 Python 之后是 C 语言、Java、C++、C#,如图 2-1 所示。随着人工智能和大数据的不断深入,Python 凭借优秀的数值计算、统计分析库、深度学习框架等成为人工智能和大数据的主流开发语言。

Sep 2024	Sep 2023	Change	Programming Language	Ratings	Change
1	1		Python	20.17%	+6.01%
2	3	˄	C++	10.75%	+0.09%
3	4	˄	Java	9.45%	-0.04%
4	2	˅	C	8.89%	-2.38%
5	5		C#	6.08%	-1.22%
6	6		JavaScript	3.92%	+0.62%
7	7		Visual Basic	2.70%	+0.48%
8	12	˄˄	Go	2.35%	+1.16%
9	10	˄	SQL	1.94%	+0.50%
10	11	˄	Fortran	1.78%	+0.49%

图 2-1　TIOBE 编程语言月度榜单(2024 年 9 月)

Python 目前采用 Python 3 作为主流版本。本书中所有程序均采用 Python 3 进行开发。考虑到目前市场上仍然有部分书籍或代码采用 Python 2 编写,读者在阅读这部分书籍或代码时需要注意它们之间的区别。本书不介绍 Python 2 和 Python 3 在语法、库、函数上的区别,需要了解相关内容的读者可以自行查阅相应的参考书或查阅网上资料。

二、Windows 操作系统下安装 Python

(一)下载 Python 安装包

Python 3 的安装包可以到 Python 的官网下载,下载界面如图 2-2 所示。

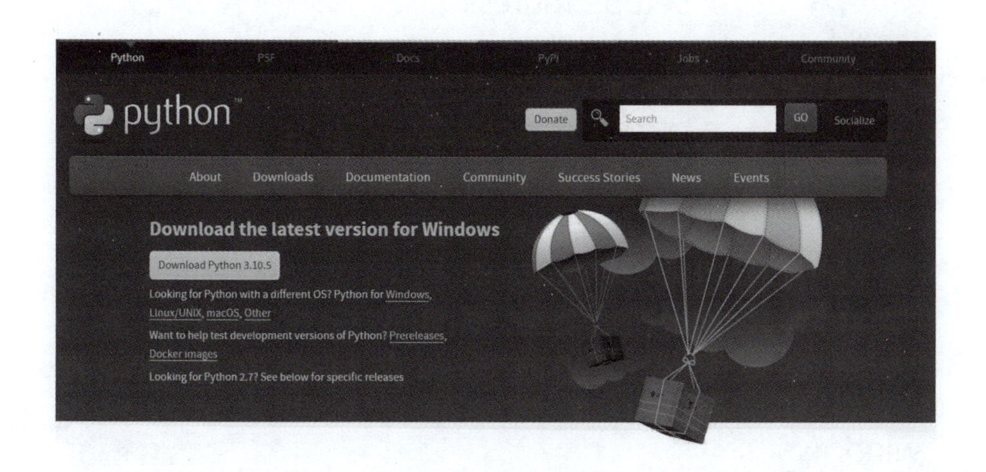

图 2-2　官网下载界面

单击图 2-2 中的 Download Python 3. 10. 5 按钮,即可下载 Python 安装包。如果下载 Windows 版本,就单击 Windows 连接;如果是运行在 Linux 系统下,就单击 Linux/UNIX 链接。官网还提供了 Mac OS 和其他操作系统的 Python 版本下载。

(二)直接运行安装程序

(1)双击下载的 Python 3.10.5 安装包文件,进入安装过程。在起始安装界面选中 Add Python 3.10 to PATH 复选框,如图 2-3 所示。

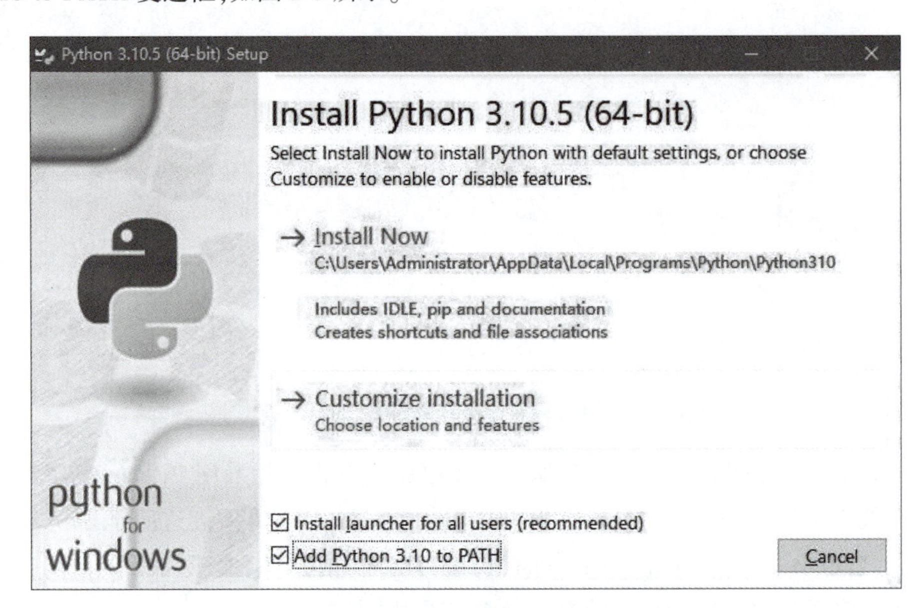

图 2-3　Python 安装首页

(2)单击 Install Now 进入 Python 安装过程,如图 2-4 所示。

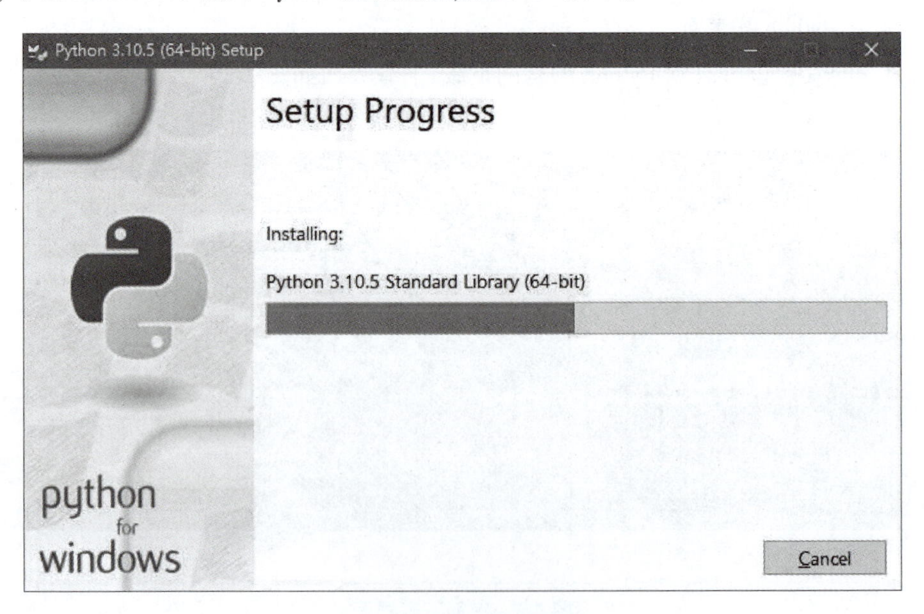

图 2-4　Python 安装过程

(3)安装成功后,单击 Close 按钮关闭窗口,如图 2-5 所示。

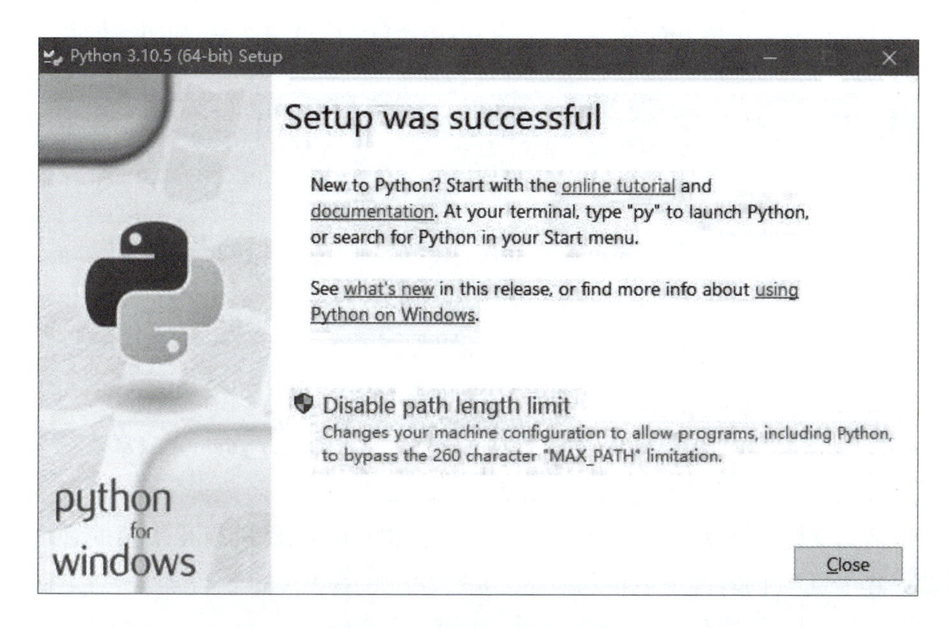

图 2-5　Python 安装成功界面

(4)为了验证安装是否成功,可以右击 Windows 的“开始”菜单,选择“运行”命令,打开“运行”对话框,在如图 2-6 所示的文本框中输入 cmd,单击“确定”按钮,进入命令行模式。

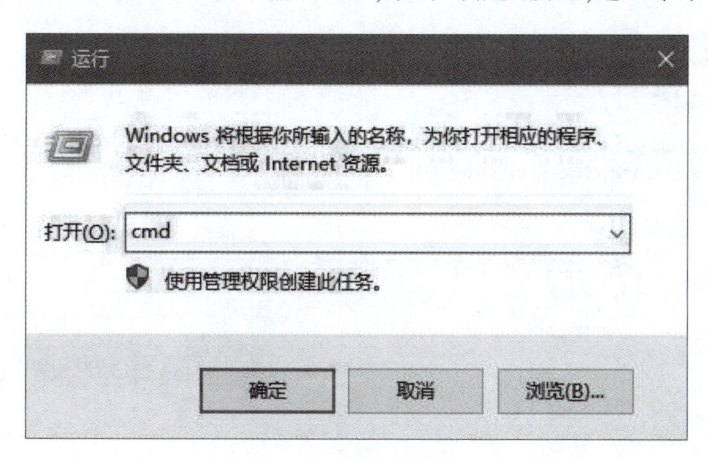

图 2-6　“运行”界面

在命令行窗口中输入“python”命令,如果能够出现“>>>”提示符并显示版本号,就表示 Python 安装成功,如图 2-7 所示。

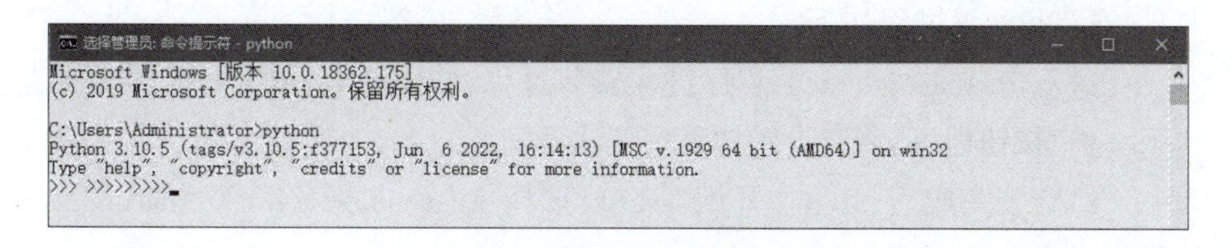

图 2-7　检查 Python 安装是否成功

如果要退出 Python 环境,可以执行 quit()命令或按【Ctrl+Z】组合键,如图 2-8 所示。

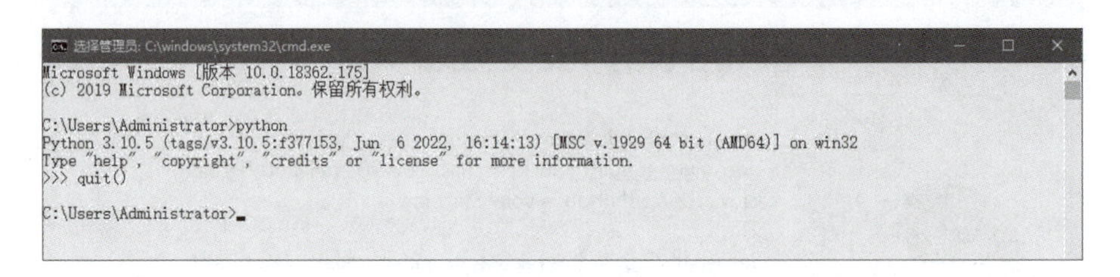

图 2-8　退出 Python 环境

(三)在 Anaconda 方式下安装 Python

Anaconda 是一个开源的 Python 发行版本,它包含了 conda、Python 等 180 多个工具包及其依赖组件,而且这些包已经经过优化配置而不用单独安装,从而免去了单独安装带来的麻烦。其中包括大规模数据处理、预测分析、科学计算和图形绘制等,简化了包的管理和部署。用户可以到 Anaconda 的官网下载最新版本,如图 2-9 所示。

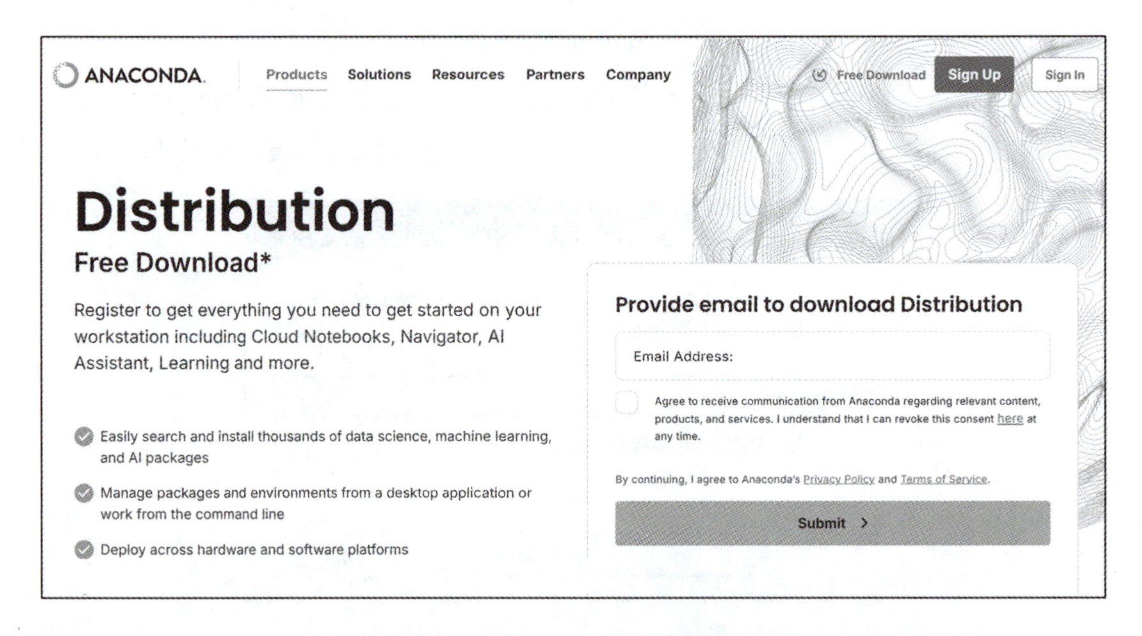

图 2-9　Anaconda 的官网页面

根据计算机配置,可以选择下载 32 位或 64 位版本,Anaconda 自带的 Python 版本为 3.9。

安装和配置过程如下:

(1)双击 Anaconda 安装程序进入安装过程,如图 2-10 所示。以下步骤直接单击“下一步”按钮即可,所有设置均采用默认设置。

(2)安装完成后,单击“开始”菜单,选择 Anaconda3(64bit) Anaconda prompt 命令,进入如图 2-11 所示的命令行窗口。

(3)输入 python,就可以看到 Anaconda 内置的 Python 版本,如图 2-12 所示。

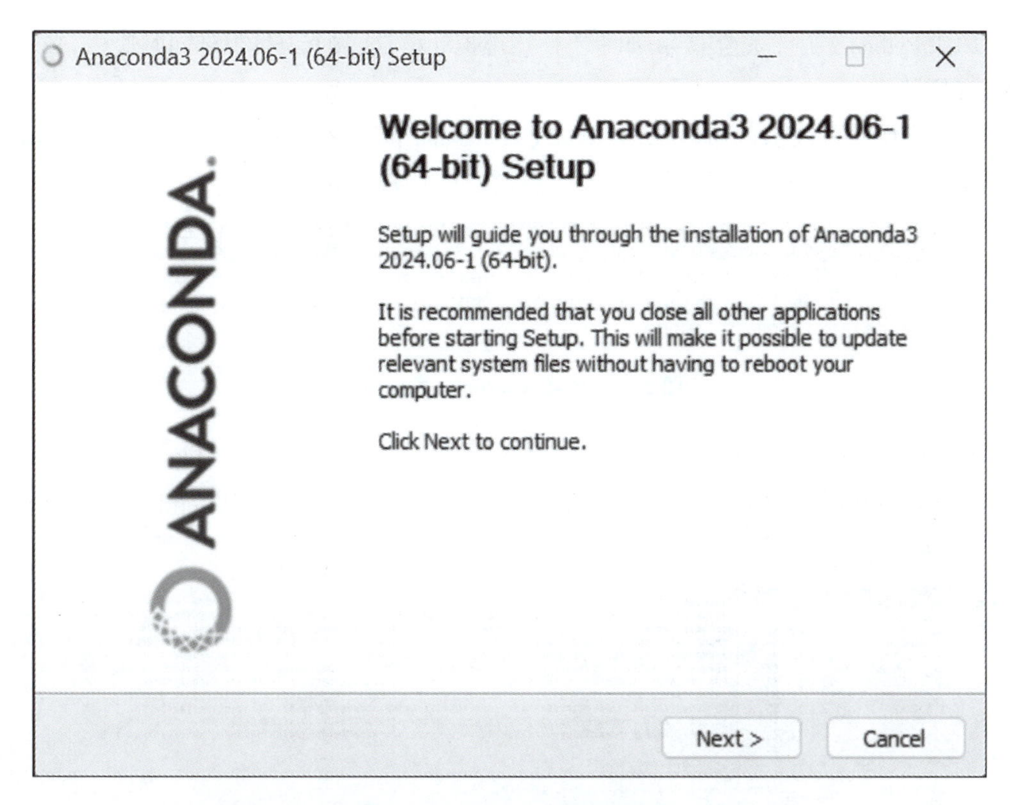

图 2-10　Anaconda 安装界面

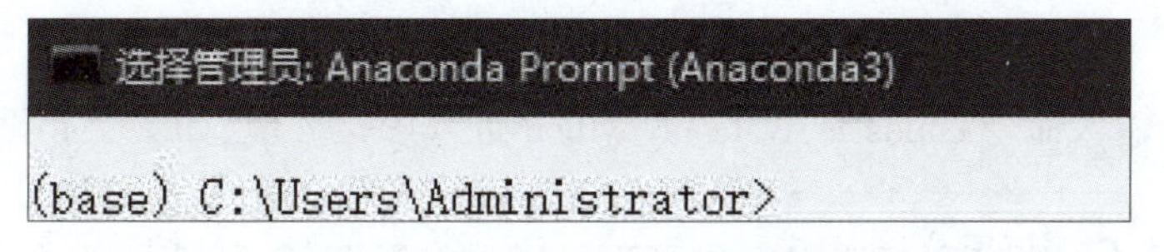

图 2-11　Anaconda 命令行窗口

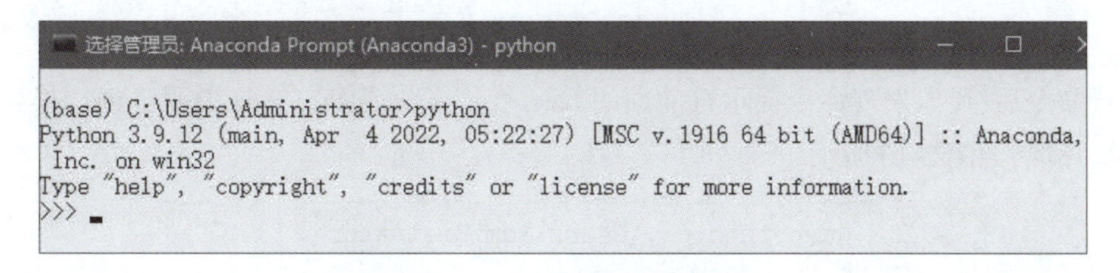

图 2-12　查看内置 PyThon 版本

(4)为 Anaconda 配置虚拟环境。

在实际项目开发中,通常会根据自己的需求下载各种相应的框架库,如 Tensorflow、BeautifulSoup 等。但是,每个项目使用的框架库可能并不一样,或者框架的版本不一样,需要根据需求不断更新或卸载相应的库。直接对 Python 环境操作会给开发环境和项目造成很多不必要的麻烦,管理也相当混乱。例如,项目 1 需要某个框架的 1.0 版本,项目 2 需要 2.0 版本。如果没有安装虚拟环境,那么当使用这两个项目时,就需要反复卸载和安装,这样很容易导致错误。又如,某个项目之前需要在 Python 2.7 环境下运行,而现在的项目主要在 Python 3 环境下运行,

Python 2 和 Python 3 并不完全兼容，如果不使用虚拟环境，这两个项目很难同时使用，必须不停地卸载和安装。

单击“开始”菜单，选择 Anaconda3（64bit）Anaconda prompt 命令，进入命令行窗口，输入命令 conda create -n mypython python=3.10 创建虚拟环境，如图 2-13 所示。

```
选择管理员: Anaconda Prompt (Anaconda3) - conda  create -n mypython python=3.10
(base) C:\Users\Administrator>conda create -n mypython python=3.10
Collecting package metadata (current_repodata.json): done
Solving environment: done
```

图 2-13　创建 Anaconda 虚拟环境

其中，mypython 是虚拟环境名称，python=3.10 是虚拟环境下安装的 python 版本号。运行该命令后，中间会列出需要安装的组件，并提示是否需要安装，直接输入 y 即可，如图 2-14 所示。

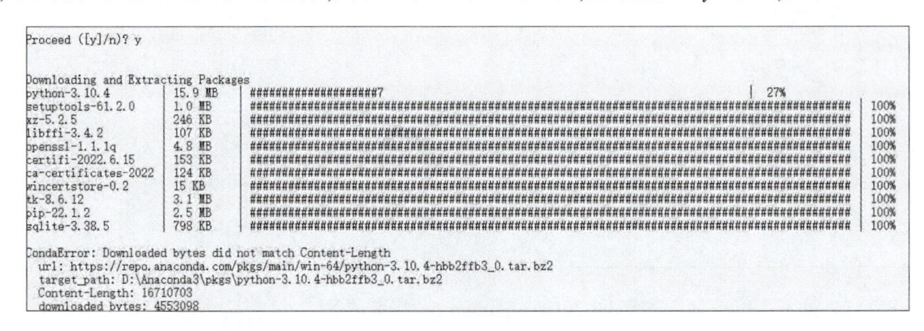
```
Proceed ([y]/n)? y


Downloading and Extracting Packages
python-3.10.4          | 15.9 MB  | ####################7                                                                   |  27%
setuptools-61.2.0      | 1.0 MB   | ########################################################################################## | 100%
xz-5.2.5               | 246 KB   | ########################################################################################## | 100%
libffi-3.4.2           | 107 KB   | ########################################################################################## | 100%
openssl-1.1.1q         | 4.8 MB   | ########################################################################################## | 100%
certifi-2022.6.15      | 153 KB   | ########################################################################################## | 100%
ca-certificates-2022   | 124 KB   | ########################################################################################## | 100%
wincertstore-0.2       | 15 KB    | ########################################################################################## | 100%
tk-8.6.12              | 3.1 MB   | ########################################################################################## | 100%
pip-22.1.2             | 2.5 MB   | ########################################################################################## | 100%
sqlite-3.38.5          | 798 KB   | ########################################################################################## | 100%

CondaError: Downloaded bytes did not match Content-Length
  url: https://repo.anaconda.com/pkgs/main/win-64/python-3.10.4-hbb2ffb3_0.tar.bz2
  target_path: D:\Anaconda3\pkgs\python-3.10.4-hbb2ffb3_0.tar.bz2
  Content-Length: 16710703
  downloaded bytes: 4553098
```

图 2-14　安装组件

创建成功后，输入命令 conda activate mypython 进入虚拟环境，如图 2-15 所示。

```
C:\Users\Administrator>conda activate mypython
```

图 2-15　进入虚拟环境

运行命令后，可以发现命令提示符前面的 base 变成了 mypython。这说明已经切换到 mypython 虚拟环境，如图 2-16 所示。

```
(mypython) C:\Users\Administrator>
```

图 2-16　进入 mypython 虚拟环境

再查看 Python 的版本号，发现已经变成 3.10.1，如图 2-17 所示。

```
(mypathon)C:\Users\HP\python - version
Python 3.10.1
```

图 2-17　查看虚拟环境下的 Python 版本号

使用 conda list 命令可以查看当前所安装的组件，如图 2-18 所示。

```
(mypython) C:\Users\Administrator>conda list
WARNING conda.core.prefix_data:_load_site_packages(293): Problem reading non-
ertifi-2020.12.5-py3.7.egg-info/PKG-INFO. Please verify that you still need t
d correctly. Reinstalling this package may help.
# packages in environment at C:\Users\Administrator\anaconda3\envs\mypython:
#
# Name                    Version                   Build  Channel
aiohttp                   3.7.4.post0               pypi_0    pypi
asgiref                   3.3.4                     pypi_0    pypi
async-timeout             3.0.1                     pypi_0    pypi
atomicwrites              1.4.0                       py_0
attrs                     20.3.0             pyhd3eb1b0_0
automat                   20.2.0                      py_0
bcrypt                    3.2.0            py37he774522_0
beautifulsoup4            4.9.3                     pypi_0    pypi
blinker                   1.4                       pypi_0    pypi
brotli                    1.0.9                     pypi_0    pypi
certifi                   2021.10.8                 pypi_0    pypi
cffi                      1.14.5           py37hcd4344a_0
chardet                   4.0.0                     pypi_0    pypi
click                     7.1.2                     pypi_0    pypi
colorama                  0.4.4              pyhd3eb1b0_0
constantly                15.1.0           py37h28b3542_0
cryptography              3.2.1                     pypi_0    pypi
cssselect                 1.1.0                     pypi_0    pypi
defusedxml                0.7.1                     pypi_0    pypi
flask                     1.1.2                     pypi_0    pypi
flask-login               0.5.0                     pypi_0    pypi
```

图 2-18　查看当前环境下安装的组件

除了以上方法，也可以选择“开始”→Anaconda3（64bit）→Anaconda Navigator 命令，查看已经创建好的虚拟环境，如图 2-19 所示。

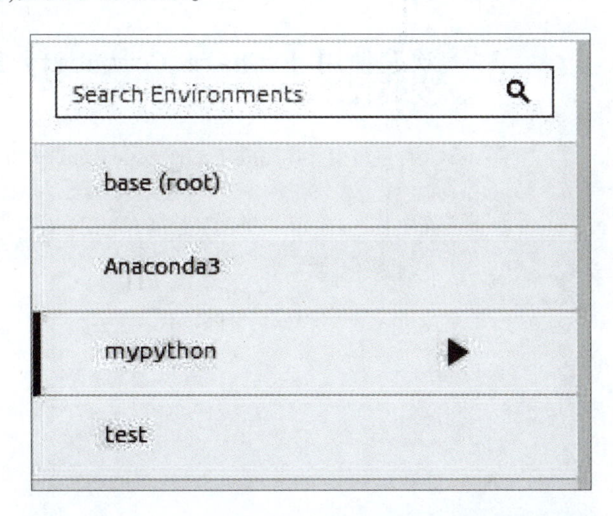

图 2-19　在 Anaconda Navigator 查看创建的虚拟环境

如果要退出虚拟环境，可使用 conda deactivate 命令，如图 2-20 所示。

```
(mypython) C:\Users\Administrator>conda deactivate
```

图 2-20　退出虚拟环境

微课
安装 PyCharm

如果要删除虚拟环境，则输入如下命令：

```
C:\conda remove -n mypython – all
```

(四)配置 Python 集成开发环境

Python 的集成开发环境有很多，如 PyCharm、Eclipse、Idea 等。本书以 PyCharm 作为 Python 的集成开发环境介绍 PyCharm 对 Python 的配置。首先到 PyCharm 官网上下载 PyCharm，如图 2-21 所示。

图 2-21 PyCharm 下载页面

安装配置步骤如下：

(1)下载后双击安装文件，出现如图 2-22 所示安装界面。

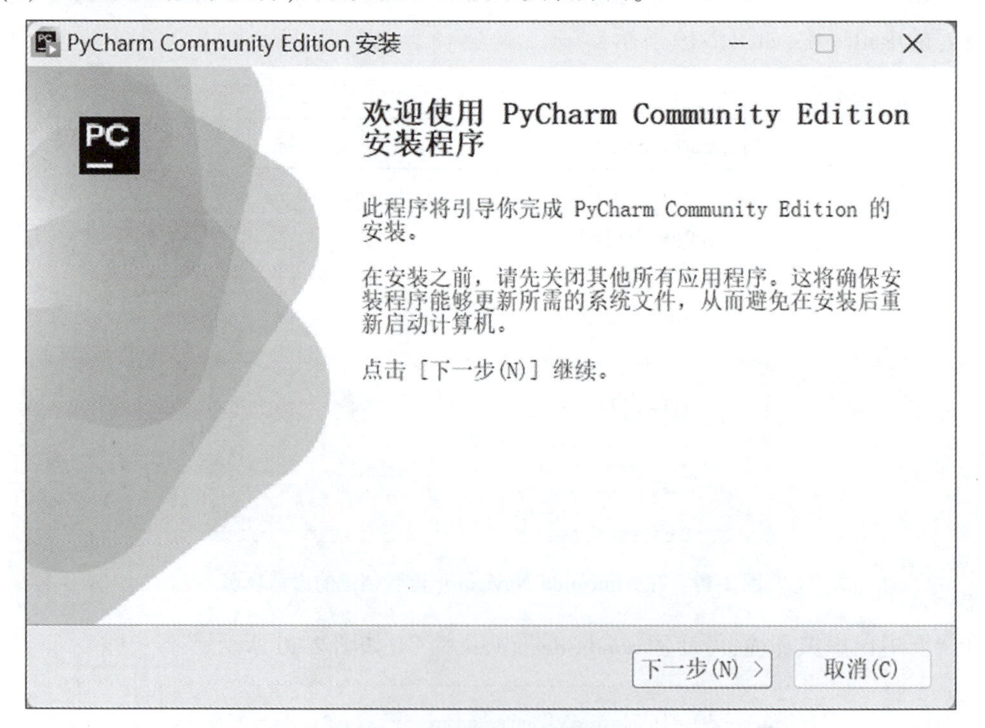

图 2-22 PyCharm 安装界面

(2)单击“下一步”按钮，修改安装路径，如图 2-23 所示。

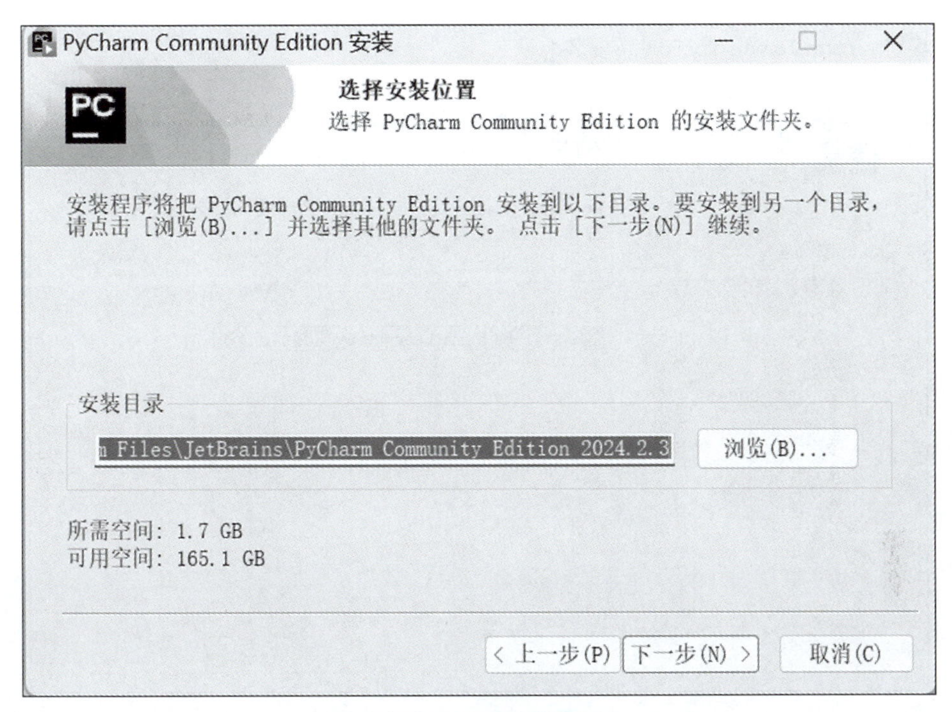

图 2-23　修改安装路径

(3)单击“下一步”按钮,进入如图 2-24 所示界面,可根据实际需要勾选。

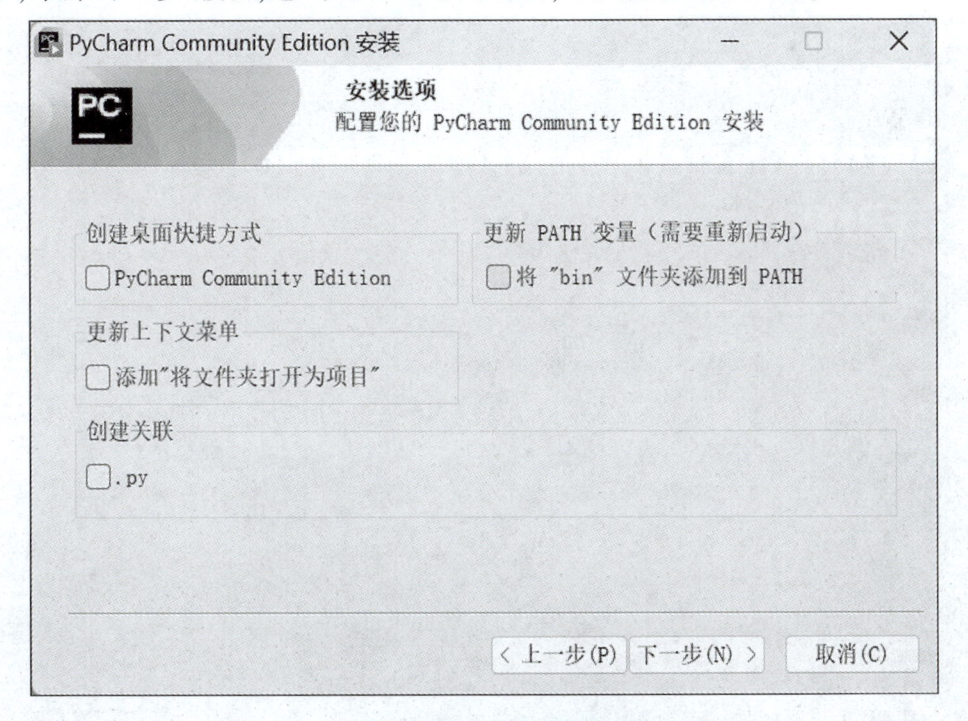

图 2-24　安装选项界面

(4)单击“下一步”按钮,然后单击“安装”l 按钮,直至最后的安装界面,选中“运行 PyCharm Community Edition CR)”复选框,单击“完成”按钮,启动 PyCharm,如图 2-25 所示。

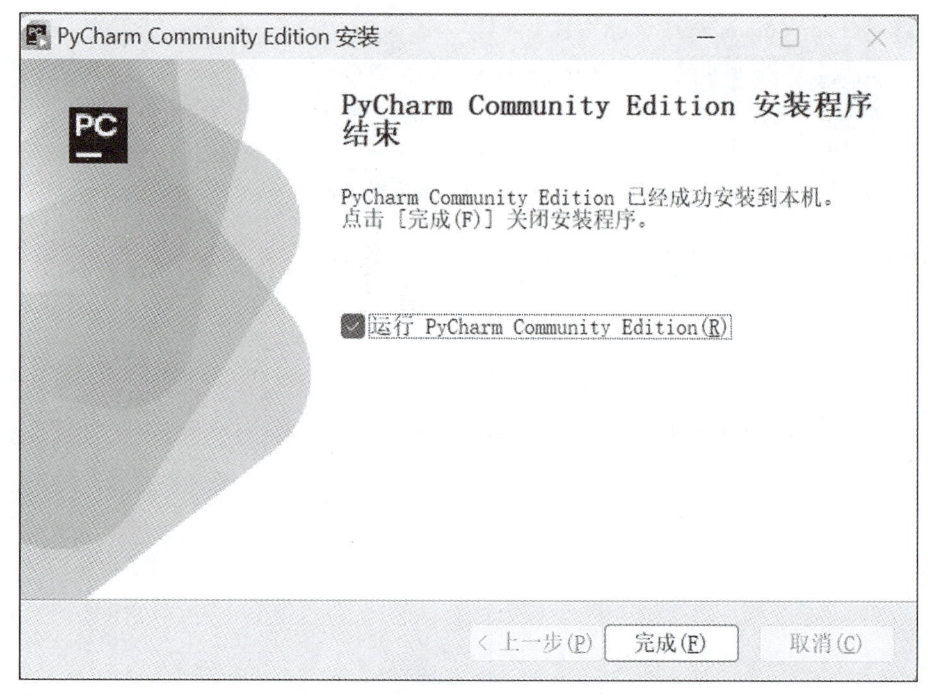

图 2-25 安装结束

(5)启动 PyCharm 时,会出现图 2-26 所示界面,选中底部的复选框,单击“继续”按钮。

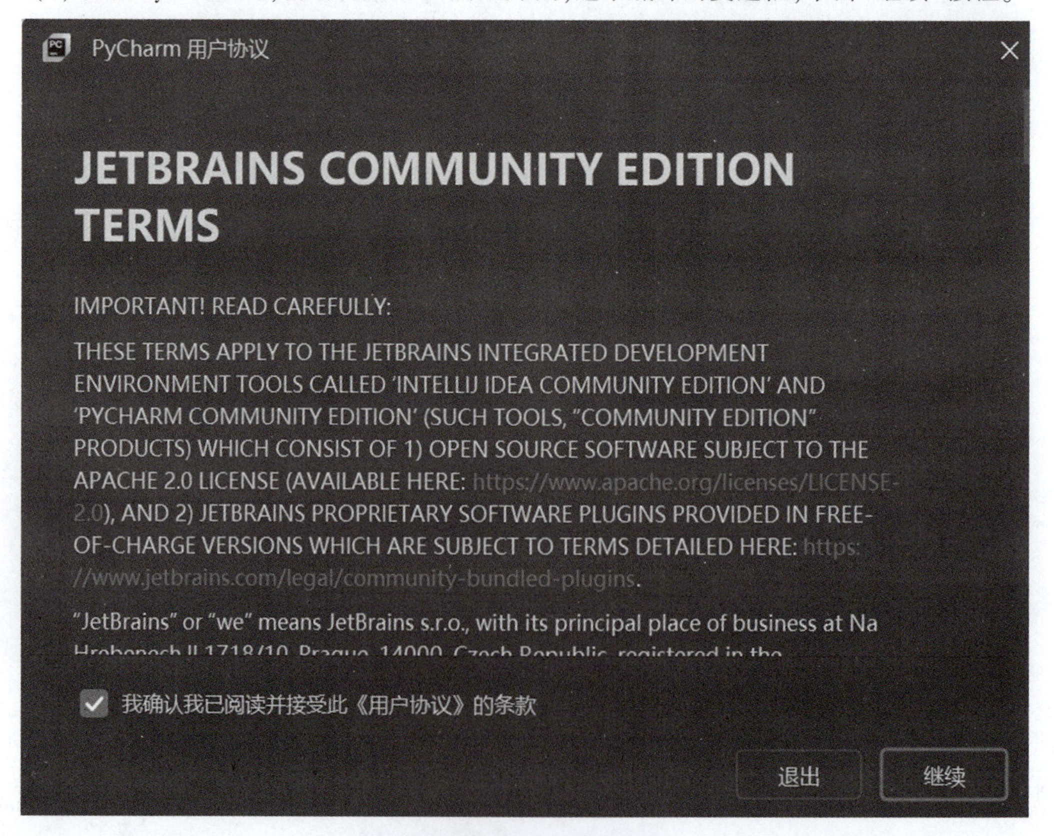

图 2-26 PyCharm 启动界面

(6)在出现的界面中，单击“不发送”按钮，如图 2-27 所示。

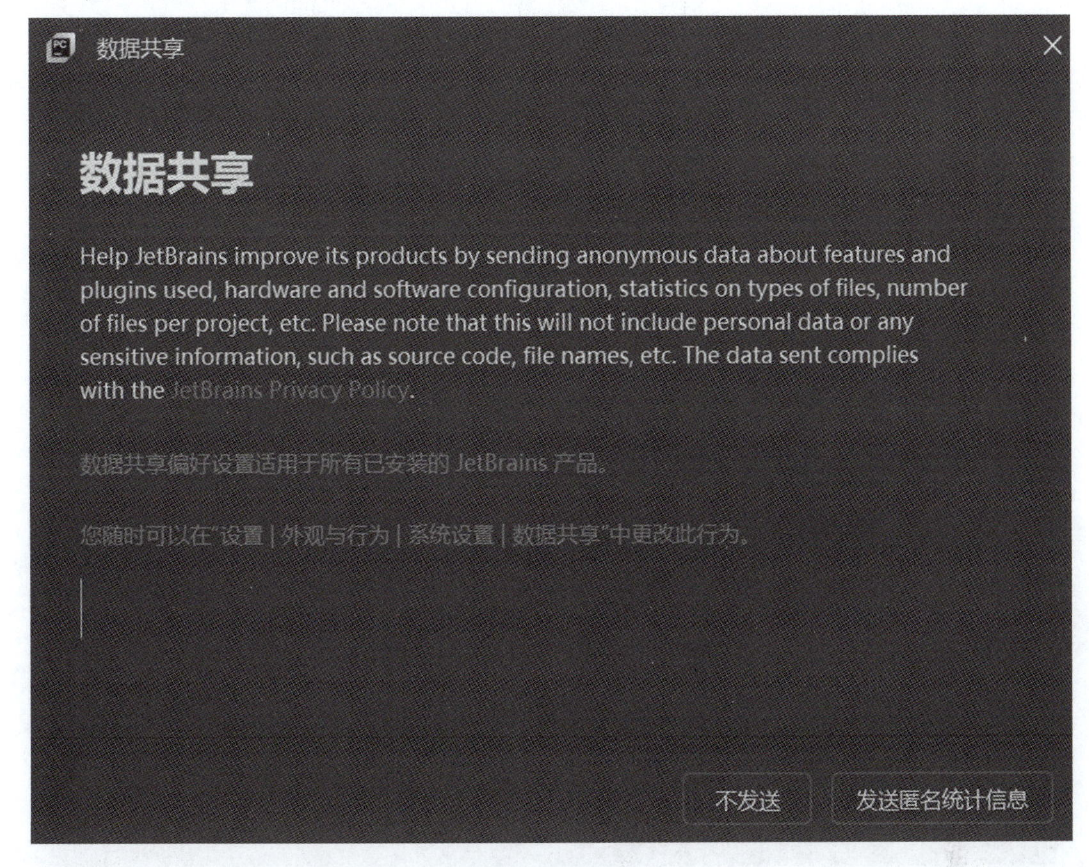

图 2-27　数据共享

(7)安装成功后需新建一个工程(如 MyProj)。选择“文件”→“新建项目”命令，之后出现的界面如图 2-28 所示。

图 2-28　创建一个工程

(8)选择开发工具顶栏的⚙工具，在下拉菜单中单击“设置”，打开配置对话框，选择“Python 解释器”，如图 2-29 所示。

(9) Conda 是一个开源的软件包管理系统和环境管理系统，以下操作可以在项目中配置 Coda 软件包管理环境。在对话框右上方菜单栏中选择“添加解释器”→“添加本地解释器”命令，在打开的对话框左边选择“Conda 环境”，右边选择“Conda 可执行文件”，打开选择对话框，如图 2-30 所示。

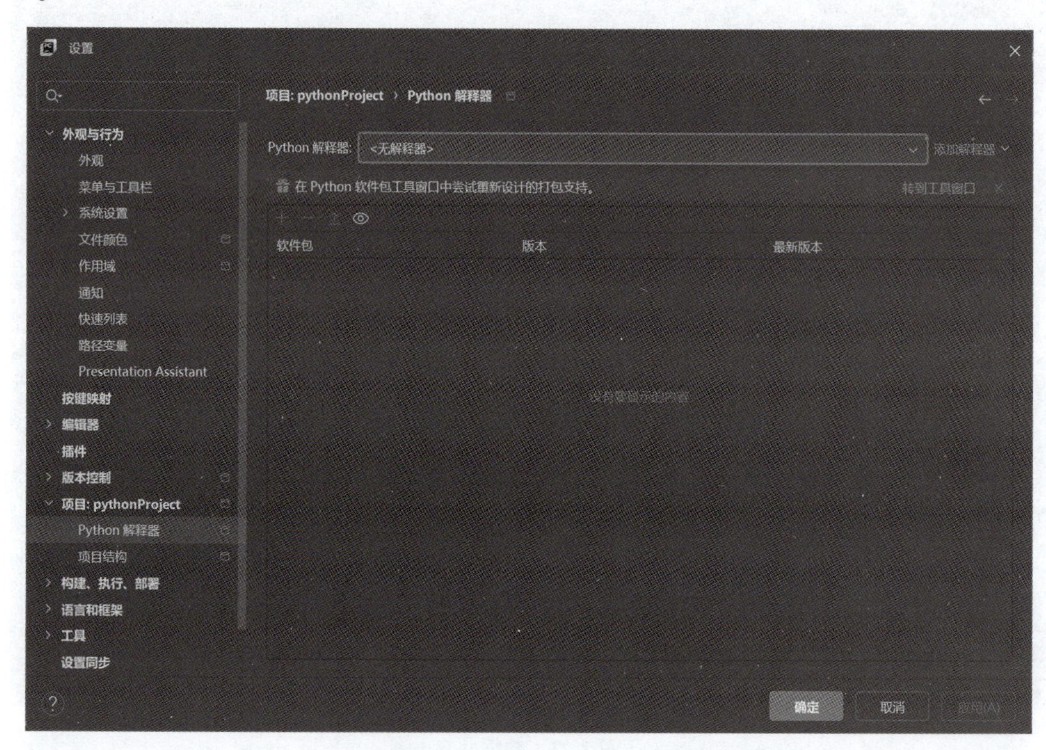

图 2-29　PyCharm 配置对话框

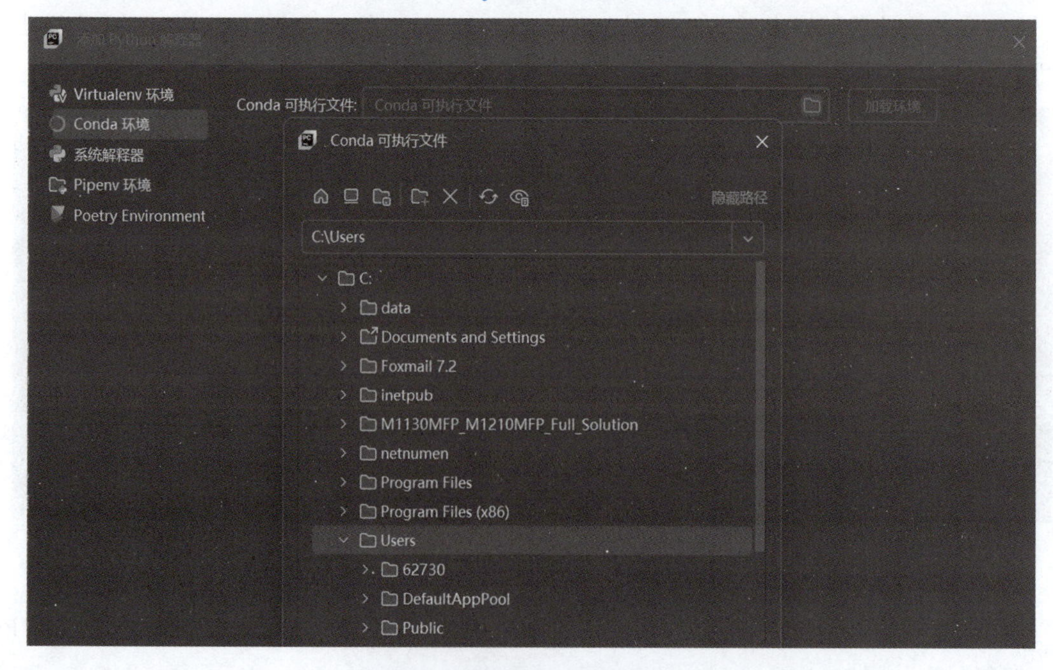

图 2-30　PyCharm 配置 Python

三、Linux 操作系统下安装 Python

Python 除了可以在 Windows 上运行以外，还可以在多种操作系统上运行，体现了 Python 的跨平台性。下面介绍 Python 在 Linux 平台上的安装。本书采用的 Linux 版本为 CentOS 7 版本，运行在 VMWare 虚拟机上，这里的 VMWare 版本为 15.0。由于 Linux 的安装不属于本书的讨论范围，故本书不介绍 VMWare 和 CentOS 7 的安装过程。接下来我们详细看一下 Linux 平台下安装 Python 的步骤。

（1）安装必要的依赖，命令如下：

```
yum groupinstall "Development Tools"
yum install openssl-devel bzip2-devel libffi-devel
```

（2）下载 Python3.10.5 源码包命令如下：

```
wget https://www.python.org/ftp/python/3.10.9/Python-3.10.5.tgz
```

（3）解压进入 Python 文件夹命令如下：

```
tar zxvf Python-3.10.9.tgz
cd Python-3.10.9
```

（4）编译安装代码如下：

```
./configure --prefix=/usr/local/python310
make && make install
```

（5）将 Python3.10.5 加入系统路径。

```
echo 'export PATH=/usr/local/python310/bin:PATH' >> /etc/profile
source /etc/profile
```

（6）通过下面命令检查 Python 版本，结果如图 2-31 所示。

```
python3 -V
```

```
[root@localhost Python-3.10.5]# python3 -V
Python 3.10.5
```

图 2-31　检查 Python 版本

注意：只有在输入 python3 -V 的情况下运行的才是 3.10 版本。如果执行 Python -V，则仍然是 Python 2.7。这是因为 Python 文件是一个软链接，链接的是 Python 2.7，如果希望执行 python 命令时运行的是 3.10 版本，则需要修改这个软链接，将其重新链接到 Python 3.10 上。具体做法读者可以参考 Linux 的相关参考书，这里不再赘述。

任务小结

本任务主要学习了 Windows 和 Linux 平台下 Python 的安装。推荐读者采用 Anaconda 安装 Python，因为这样可以使用创建环境隔离不同版本的 Python。这对于使用不同 Python 版本的用户十分友好。建议读者采用一种集成开发工具进行 Python 程序的开发，而不是仅仅使用 Python 提供的命令行模式或 IDLE。采用集成开发环境可以对工程进行集中式管理，而且可以对程序进行调试和维护。

任务二　安装请求库

任务描述

微课

安装请求库

请求库为用户提供了向网络发送请求的方法，可以实现比较复杂的网络请求，从而满足用户不同的数据请求需要。Python 正是通过这些请求库向网络发起数据请求，获取网络数据的。

任务目标

- 掌握 Requests 的安装方法。
- 掌握 Selenuim 的安装方法。
- 掌握 Chromedirver 的安装方法。

任务实施

一、安装 Requests

如果要使用 Python 对数据进行爬取，就必须安装第三方库。第三方库的主要功能是模拟浏览器向服务器发送 HTTP 请求并获取服务器返回的数据信息。常见的第三方库有 UrlLib、Requests、HttpLib2 等。Requests 使用起来比 UrlLib 更加方便，例如，在处理网页验证或 Cookie 时 Requests 处理起来会更加便利。由于 Python 第三方库在 Windows 下和在 Linux 下安装类似，因此本书只介绍在 Windows 下的安装过程。

读者可以在 Requests 的官方文档中查阅有关 Requests 库中函数的用法。Python 安装第三方库主要采用 pip 命令来完成，首先进入命令行窗口，输入 pip install requests 命令即可开始安装，如图 2-32 所示。

下面在 Python 中进行验证，首先在命令行中进入 Python 环境，然后输入如下语句，如果没有出现错误，则表明 Requests 已经安装成功。

```
>>>import requests
```

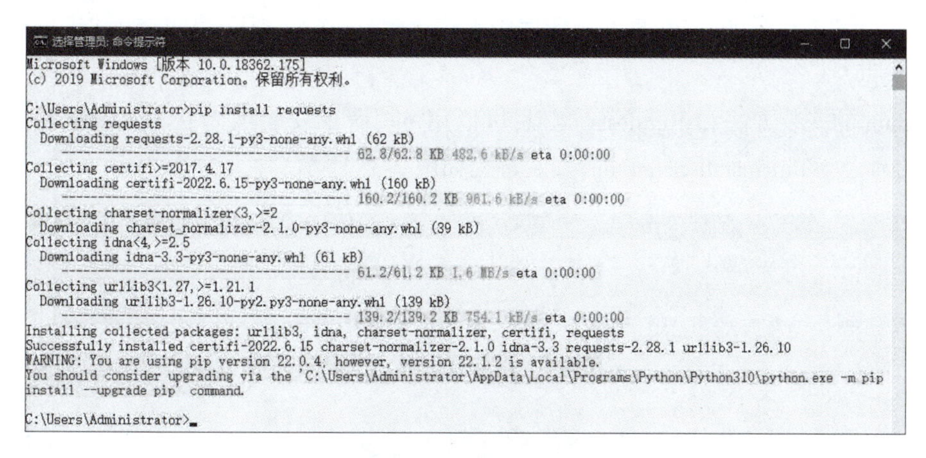

图 2-32　安装 Requests

如果在 PyCharm 中安装 Requests，则首先打开如图 2-33 所示界面，单击右上角的“+”号，出现如图 2-34 所示的界面。

在文本框中输入命令 requests，稍等片刻就会在右边 Description 中出现 requests 的最新版本号、作者等相关信息。然后，单击 Install Package 按钮就可进行安装。安装成功后，在 settings 窗口中就可以看到 Requests，参见图 2-33。

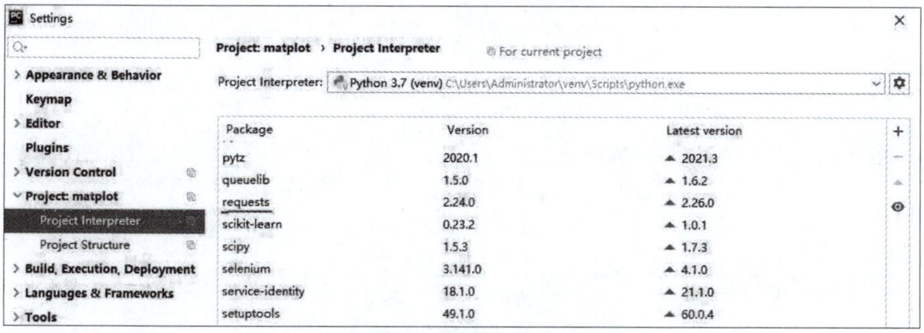

图 2-33　Requests 安装成功

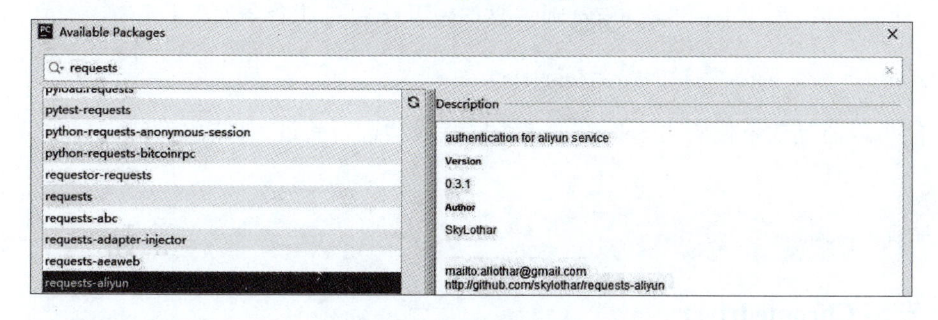

图 2-34　添加第三方库窗口

二、安装 Selenium

Selenium 是一个自动化测试工具，通过它所提供的函数可以模拟人自动地操作浏览器。这对于爬取数据是十分有用的。例如，可以利用 Selenium 模拟用户登录网页；又如，有许多动态网页是脚本语言渲染出来的，其数据在源程序中无法看到，这类情况下，可以使用Selenium获取动态网页的数据。

Selenium的安装方法和Requests类似，可以用pip命令安装或者在PyCharm中安装。用pip安装的命令为pip install Selenium，安装过程如图2-35所示。

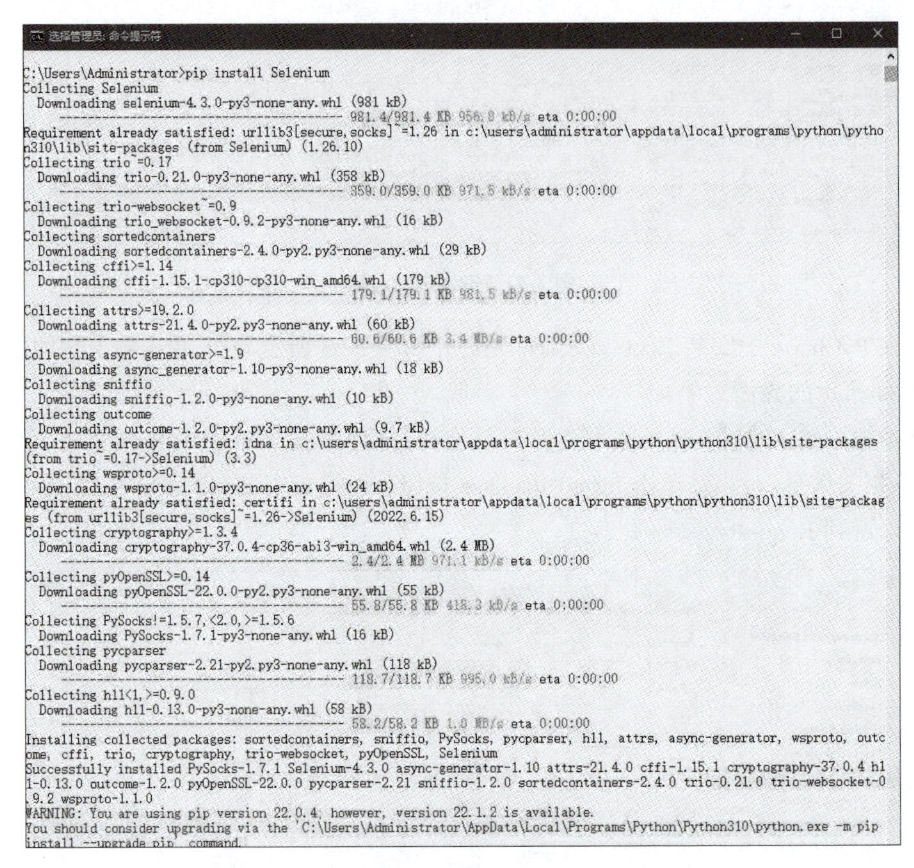

图 2-35　安装 Selenium

需要注意的是，如果pip没有更新，则需要首先更新pip，其命令如下：

```
$ Python - m pip install - upgrade pip
```

同样，可以通过如下代码对Selenium是否安装成功进行验证，如果没有错误提示，则表明安装成功。

```
>>>import selenium
```

三、安装 Chromedriver

前面安装的Selenium需要结合具体的浏览器才能使用，本书采用Chrome作为浏览器。Chromedriver是Chrome的驱动程序，当测试程序模拟用户操作浏览器时，如果没有Chromedriver测试工具，则无法实现与浏览器的交互，因为用户没有办法实现用命令来操作Chrome，而Chromedriver可以帮助用户实现上述操作。

不同的 Chromedirver 版本和 Chrome 版本之间有对应关系。表 2-1 所示为部分版本的对应关系。

表 2-1　Chrome 与 Chromedirver 的对应关系(部分版本)

Chromedriver 版本	支持的 Chrome 版本
v2. 46	v71-73
v2. 45	v70-72
v2. 44	v69-71
v2. 43	v69-71
v2. 42	v68-70
v2. 41	v67-69
v2. 40	v66-68
v2. 39	v66-68

因此,在下载 Chromedriver 之前应先查看 Chrome 的版本号。可以通过 Chrome 浏览器的"帮助"查看 Chrome 的版本信息,如图 2-36 所示。

图 2-36　查看 Chrome 版本信息

然后根据所用的 Chrome 版本号下载对应的 Chromedriver 的版本。例如,这里下载的版本为 96. 0. 4664. 45,只需要大版本号与 Chrome 的版本对应即可,如图 2-37 所示。

```
96.0.4664.18/        2021-10-25T06:15:32.167Z
96.0.4664.35/        2021-11-08T09:38:00.725Z
96.0.4664.45/        2021-11-16T09:35:54.118Z
97.0.4692.20/        2021-11-19T10:02:35.354Z
97.0.4692.36/        2021-12-03T08:12:31.262Z
icons/               2013-09-25T17:42:04.972Z
```

图 2-37　Chrome 对应的 Chromedriver 下载

下载完成后,直接将 Chromedriver 复制到 Python 的 Scripts 目录下,如图 2-38 所示。

› 此电脑 › 系统 (C:) › 用户 › Administrator › AppData › Local › Programs › Python › Python37 › Scripts

名称	修改日期	类型	大小
pycache	2021/1/26 星期...	文件夹	
automat-visualize	2021/1/26 星期...	应用程序	104 KB
cftp	2021/1/26 星期...	应用程序	104 KB
chardetect	2021/1/5 星期二 ...	应用程序	101 KB
chromedriver	2020/5/27 星期...	应用程序	8,825 KB

图 2-38　Python 的 Scripts 目录

接着进入 Python 环境,输入如下所示的语句,如果弹出一个空白的 Chrome 浏览器,则说明 Chromedriver 安装配置成功。

```
>>>from selenium import webdriver
>>>browser = webdriver.Chrome()
```

如果报错或者浏览器闪退,则有可能是 Chrome 和 Chromrdriver 版本不兼容,需要重新安装正确的版本。

如果是在 Linux 平台下安装,则下载对应的 Linux 版本,解压后复制到/usr/bin 目录下即可。

任务小结

本任务介绍了 Requests、Selenuim 和 Chromedrive 的安装,其安装过程比较简单,主要采用 pip install 命令。只要按照正文所描述的步骤安装,一般情况下都可以安装成功。另外,在安装 Chromedrive 时要注意与使用的 Chrome 版本对应。

任务三　安装解析库

微课

安装解析库

任务描述

安装了请求库以后,需要对请求的数据进行解析。这就需要利用解析库提供的方法解析获取的数据。本任务主要介绍常用解析库 lxml、BeautifulSoup、Pyquery 和 PyMySQL 的安装过程。

任务目标

- 掌握 lxml 的安装方法。
- 掌握 BeautifulSoup 的安装方法。
- 掌握 Pyquery 的安装方法。
- 掌握 MySQL 和 PyMySQL 的安装方法。

任务实施

使用请求库数据爬取之后,就需要对数据进行解析。因为爬取的数据主要是网页的源代码,而数据则包含在源码之中,因此需要将数据从获取的源码中提取出来,这就需要使用解析库解析源码中的数据。

一、安装 lxml

lxml 用于解析 XML 和 HTML 格式的数据,通过 lxml 可以提取 XML 或 HTML 中的数据。

XPATH 全称 XML Path Language，即 XML 路径语言，它是一门在 XML 文档中查找信息的语言，最初是用来搜寻 XML 文档的，但是它同样适用于 HTML 文档的搜索。

XPATH 是 lxml 中比较重要的概念，表示 XML 或 HTML 中数据的路径，通过路径对 XML 或 HTML 中的数据进行选择和提取。XPATH 还提供大量的内建函数，用于字符串、数值、时间的匹配以及结点、序列的处理等。

lxml 的安装十分简单，使用如下命令即可安装。

```
~ $ pip install lxml
```

安装完成后可以通过如下代码验证是否安装成功。

```
>>>import lxml
```

二、安装 BeautifulSoup

BeautifulSoup 是一个用于解析 XML 和 HTML 的常用解析库。它可以不用写正则表达式即可解析 XML 和 HTML。BeautifulSoup 的安装过程也很简单，使用 pip install beautifulsoup4 即可安装。

```
~ $ pip install beautifulsoup4
```

安装完毕后，可以输入如下代码来验证是否安装成功，如果输出 Welcome，则表示 Beatiful-Soup 安装成功。

```
from bs4 import BeautifulSoup
bs=BeautifulSoup('<p>Welcome<p>')
print(bs.p.string)
```

三、安装 Pyquery

尽管 lxml 和 BeautifulSoup 的功能比较强大，但是其语法仍然比较复杂，对于初学者来说使用起来还是有一定困难。Pyquery 提供了更加简易的使用方法，它拥有强大的 CSS 解析器，可以像使用 jquery 一样获取数据，使用如下命令即可安装。

```
~ $ pip install pyquery
```

同样，可以通过 import 语句验证 pyquery 是否安装成功。

```
>>.import pyquery
```

四、安装 MySQL 和 PyMySQL

在 Python 中如果要访问 MySQL 数据库就必须安装 PyMySQL 组件（库），因此我们先来看一下 MySQL 数据库的安装。

微课

安装 MySQL 和 PyMySQL

MySQL 是一个关系型数据库管理系统,由瑞典 MySQLAB 公司开发。关系型数据库将数据保存在不同的表中,而不是将所有数据放在一个数据仓库内,这样就增加了速度并提高了灵活性。MySQL 是目前 Web 系统常用的开源数据库之一,与传统数据库如 SQL Server、Oracle 不同,MySQL 不但支持小型的数据库,也支持大型的数据库。MySQL 支持 SQL 标准,还是一个跨平台的数据库,支持多种开发语言,如 C、C++、Java、Python 等。MySQL 遵循 GPL 协议,因此可以对 MySQL 的源码加以修改以支持新的功能。

可以到 MySQL 官网下载最新的安装文件,如图 2-39 所示。

图 2-39　MySQL 下载界面

(一)MySQL 在 Windows 系统下的安装

下载后,双击安装文件,根据步骤指引完成安装,记住在安装步骤中设置 root 用户登录的密码。完成安装后即可进入 MySQL Workbench 界面,如图 2-40 所示。

(二)MySQL 在 Linux 平台下的安装

这里以 Ubuntu 16.04 为例,介绍 MySQL 在 Linux 平台下的安装。

安装 MySQL,需要输入如下命令:

```
~sudo apt-get install mysql-server
```

这条命令会安装 apparmor、mysql-client-5.7 包、mysql-common、mysql-server、mysql-server-5.7 和 mysql-server-core-5.7 等包。安装过程需要等待一段时间,会要求输入 root 的密码,输入密码后按【Enter】键确定。

安装成功后输入如下命令启动 MySQL:

```
~ $ service mysql start
```

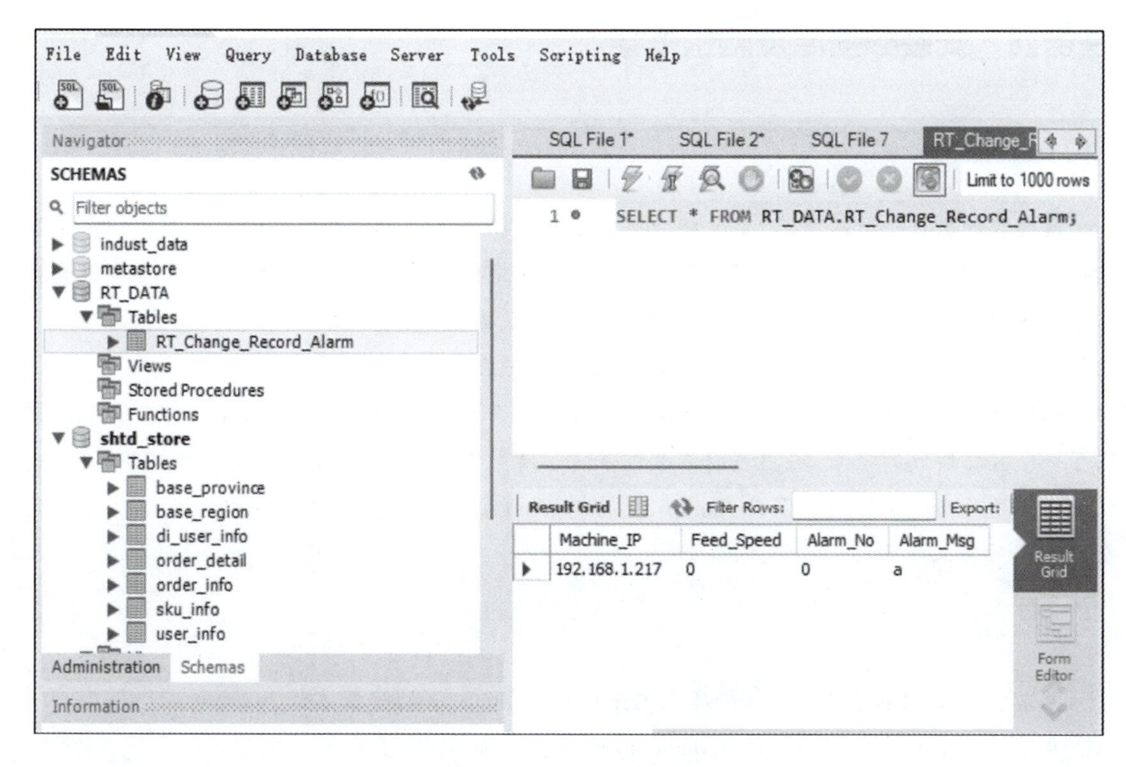

图 2-40 MySQL Workbench 界面

接着输入如下命令进入 MySQL：

```
~ $ mysql - u root -p
```

当出现 MySQL 提示符时，表明整个 MySQL 已经安装成功。

（三）安装 PyMySQL

PyMySQL 是在 Python 3. x 版本中用于连接 MySQL 服务器的一个库，通过如下命令即可安装：

```
~ $ pip install pymysql
```

输入以下代码对其进行验证，如果输出 PyMySQL 的版本号则表示安装成功。

```
import pymysql
pymysql.VERSION
```

任务小结

本任务主要介绍了常用第三方库的安装，包括 lxml、BeautifulSoup、Pyquery、PyMySQL 等。第三方库对于解析数据十分重要，读者按照上面的安装步骤，一般就可以安装成功。

任务四　安装数据库及爬虫框架

任务描述

对爬取的数据进行解析后,需要将数据存储在数据库中。考虑到爬取的数据并不一定是结构化数据,因此除了将结构化数据存储在关系数据库中外,对于非结构化数据,需要将其存储在非结构化数据库中。本任务主要介绍两种非结构化数据库 MongoDB 和 Redis 的安装,以及访问它们所需要的库 pymongo 和 Redis-py、Redisdump 的安装。

编写网络爬虫时,除了可以使用任务三所安装的库外,还可以使用 Scrapy 框架。Scrapy 提供了一个数据爬取的框架,用户可以不必过多地了解数据爬取细节,只需要实现数据爬取任务,从而减少了开发的工作量。因此,Scrapy 成为对 Web 数据爬取的主流框架之一。本任务将介绍 Scrapy 的安装过程。

任务目标

- 掌握 MongoDB 和 Redis 数据库在 Windows 和 Linux 下的安装方法。
- 掌握 pymongo、Redis-py 和 Redisdump 的安装方法。
- 掌握 Scrapy 的安装过程。

任务实施

通过爬虫将数据爬取之后需要将数据存储在数据库中。关系数据库是大家最熟知的数据库,常用的有 SQL Server 和 Oracle 等。但是在大数据背景下,关系数据库可能不能满足数据存储的需求。因为传统的关系数据库是结构化的,基于比较严格的数学理论,而实际的数据可能是结构化、半结构化或非结构化的,数据类型多种多样,数据量也十分庞大。因此,传统的关系数据无论在存储还是在数据处理方面都不能满足数据处理的需要。基于这样的背景,非关系型数据库应运而生,这样的数据库通常被称为 NoSQL 数据库,如键值数据库(如 Redis)、列族数据库(如 HBase)、文档数据库(MongoDB)和图数据库(如 GraphDB)等。本节以 MongoDB 为例,介绍 MongoDB 在 Windows 和 Linux 下的安装。MongoDB 是 NoSQL 数据库中常用的数据库,是一款开源、跨平台、分布式数据存储,以及具有比较强大的数据处理功能的文档型数据库。

微课

安装 MongoDB 和 PyMongo

一、安装 MongoDB 和 PyMongo

(一)在 Windows 系统下安装 MongoDB

在 Windows 系统下安装 MongoDB,需要先下载安装文件。可以在 MongoDB 的官网下载,其页面如图 2-41 所示。

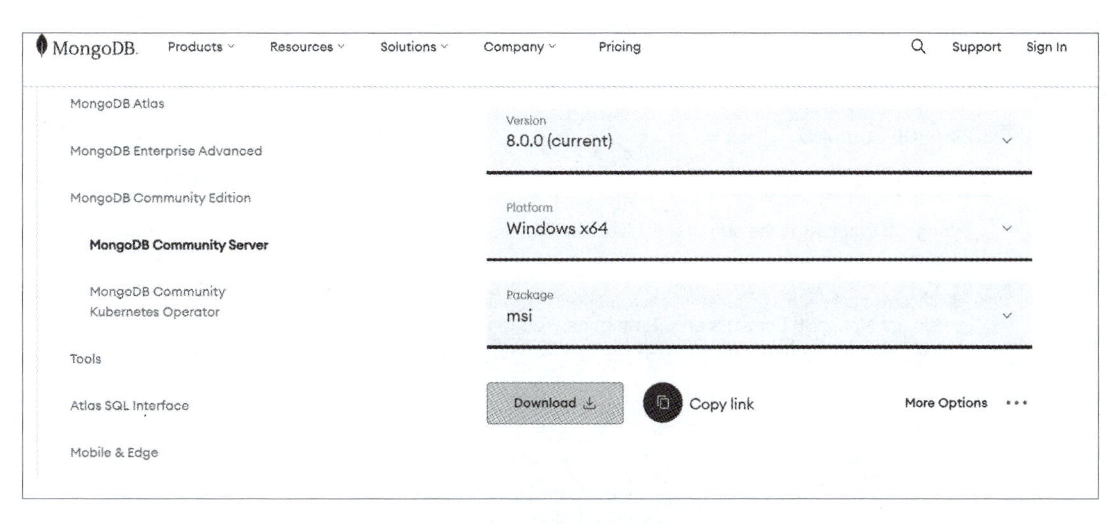

图 2-41　MongoDB 下载页面

下载完成后双击安装文件即可进入安装过程。在安装过程中，可以选择完全安装或者自定义安装，如图 2-42 所示。

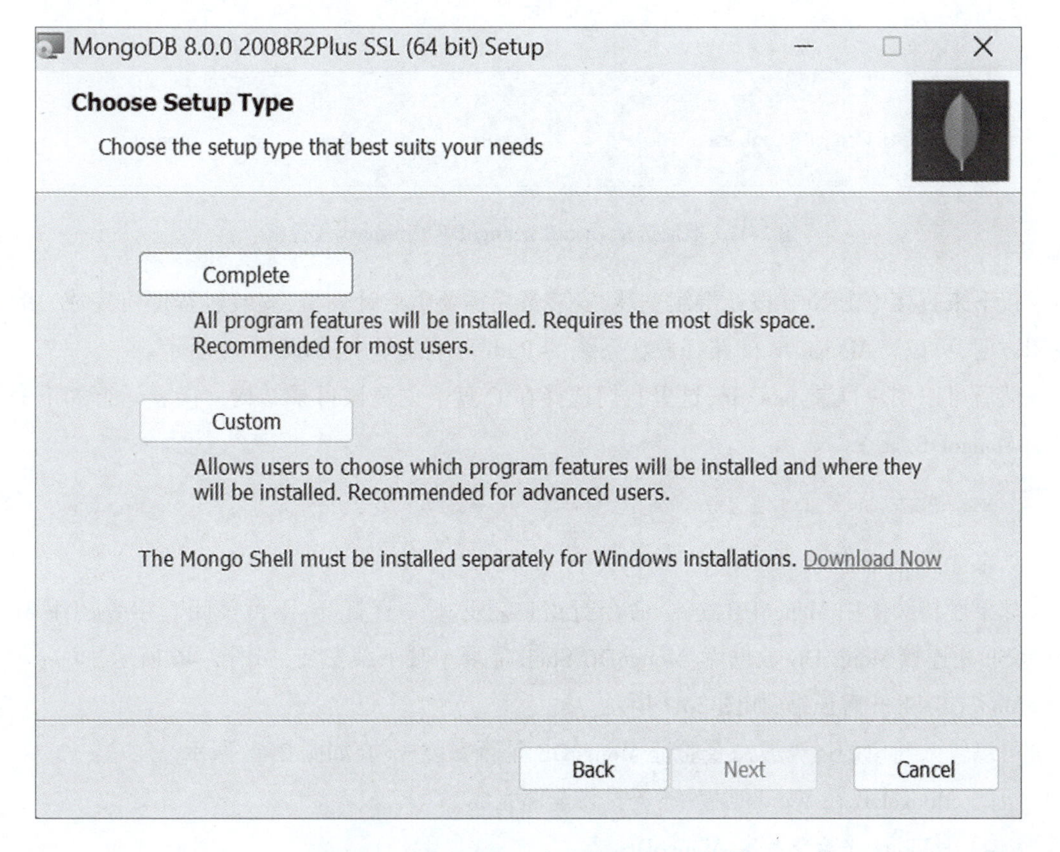

图 2-42　MongoDB 完全安装和自定义安装

在看到如图 2-43 所示的界面时，一定要取消选择 Install MongoDB Compass 复选框，这是一

个图形界面的管理工具,安装起来非常费时。如果以后需要这个图形界面管理工具,可以另行安装。

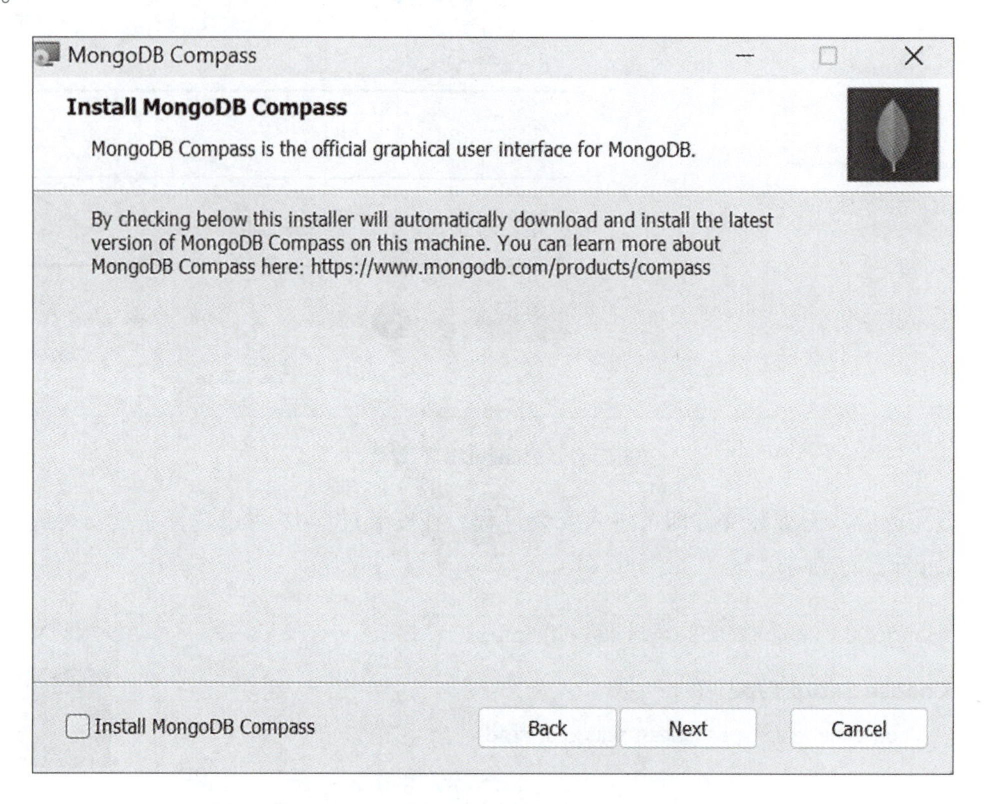

图 2-43　取消选择 Install MongoDB Compass 复选框

接下来直接单击 Next 按钮继续安装,安装最后需要重启计算机,安装过程即可完成。为了使用方便,可以将 MongoDB 的路径放在系统的 Path 环境变量中,如图 2-44 所示。

然后可以创建目录 data\db,这里我们选择在 C 盘下创建该目录结构。接着运行如下命令启动 MongoDB 服务:

```
C:\MongoDB\data\db
```

结果如图 2-45 所示。

如果要持续使用 MongoDB,这个命令行窗口就必须一直打开,不可关闭。接着使用 MongoDB Shell 连接 MongoDB 数据库,MongoDB Shell 需要单独下载安装,如图 2-46 所示。

MongDB Shell 解压缩,如图 2-47 所示。

可以输入简单的运算或命令验证 MongoDB 是否安装成功,如图 2-48 所示。

至此,MongoDB 在 Windows 系统下安装全部完成。

(二)在 Linux 平台下安装 MongoDB

MongoDB 在 Linux 平台下安装不需要下载安装文件,只需要运行如下命令即可:

```
~apt-get install mongdb
```

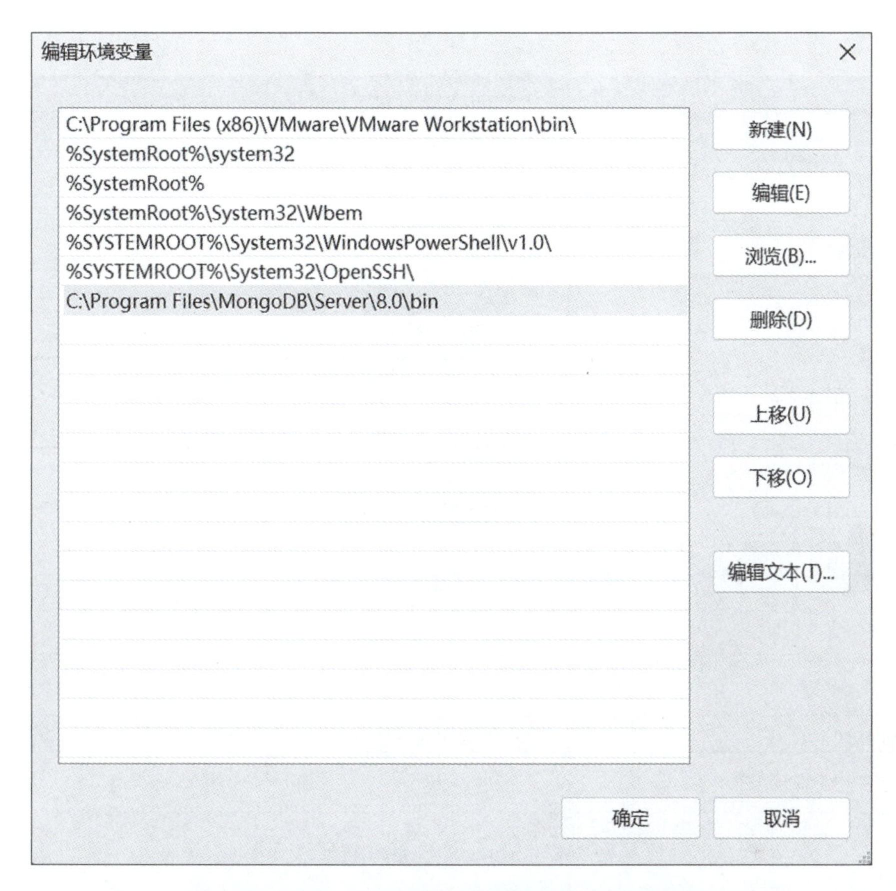

图 2-44　将 MongoDB 路径放置在系统 Path 变量中

```
c:\>mongod --dbpath c:\data\db
{"t":{"$date":"2024-10-09T11:49:19.035+08:00"},"s":"I",  "c":"CONTROL",  "id":23285,
"ctx":"thread1","msg":"Automatically disabling TLS 1.0, to force-enable TLS 1.0 specify
 --sslDisabledProtocols 'none'"}
{"t":{"$date":"2024-10-09T11:49:20.548+08:00"},"s":"I",  "c":"CONTROL",  "id":5945603,
"ctx":"thread1","msg":"Multi threading initialized"}
{"t":{"$date":"2024-10-09T11:49:20.548+08:00"},"s":"I",  "c":"NETWORK",  "id":4648601,
"ctx":"thread1","msg":"Implicit TCP FastOpen unavailable. If TCP FastOpen is required,
set at least one of the related parameters","attr":{"relatedParameters":["tcpFastOpenSe
```

图 2-45　启动 MongoDB 服务

安装完成后运行如下命令，如果输出版本信息，则表示成功。

```
~ mongo -version
```

（三）pymongo 的安装

pymongo 是 Python 与 MongoDB 交互的库，如果 Python 程序需要访问 MongoDB 数据，就必须通过 pymongo 库。pymongo 库的安装十分简单，和前面的库一样，用如下的 pip 命令即可：

```
~pip install pymongo
```

MongoDB Atlas
MongoDB Enterprise Advanced
MongoDB Community Edition
Tools
MongoDB Shell
MongoDB Compass (GUI)
Atlas CLI
Atlas Kubernetes Operator
MongoDB CLI for Cloud Manager and Ops Manager
MongoDB Cluster-to-Cluster Sync

Note: MongoDB Shell is an open source (Apache 2.0), standalone product developed separately from the MongoDB Server.

Learn more

Version
2.3.2

Platform
Windows x64 (10+)

Package
zip

Download   Copy link   More Options ...

图 2-46　MongoDB shell 下载页面

名称	修改日期	类型	大小
mongosh.exe	2024/10/9 12:10	应用程序	113,638 KB
mongosh_crypt_v1.dll	2024/10/9 12:10	应用程序扩展	26,179 KB

图 2-47　MongoDB shell 解压缩

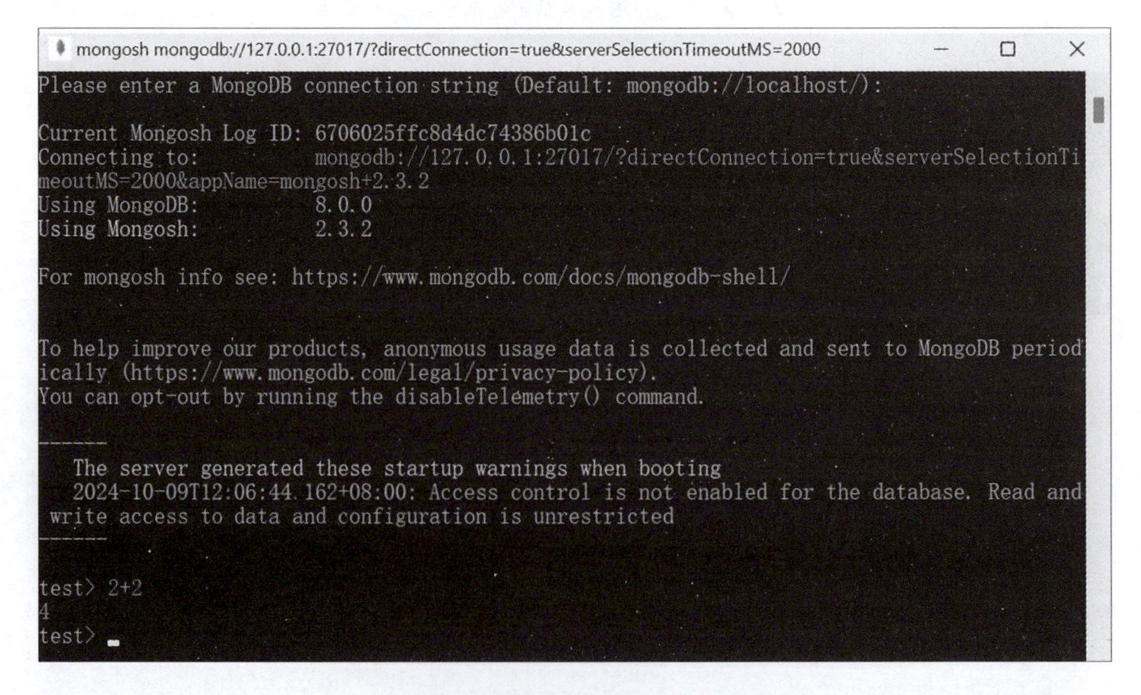

图 2-48　验证 MongoDB 安装是否成功

二、安装 Redis、Redis-py 和 Redisdump

安装 Redis、Redis-py 以及 Redis dump

Redis 是一个基于键值对的高性能 key-value 数据库系统，即键值对非关系型数据库。Redis 在很大程度上改进了已有 key-value 型数据库的不足，可以对传统的关系型数据库起到很好的补充作用。它提供了多种客户端，包括 Python、Ruby、Erlang、PHP 等，因此使用很方便。

Redis 的安装程序可以到 GitHub 上下载，也可以参考官网在线安装手册，如图 2-49 所示。

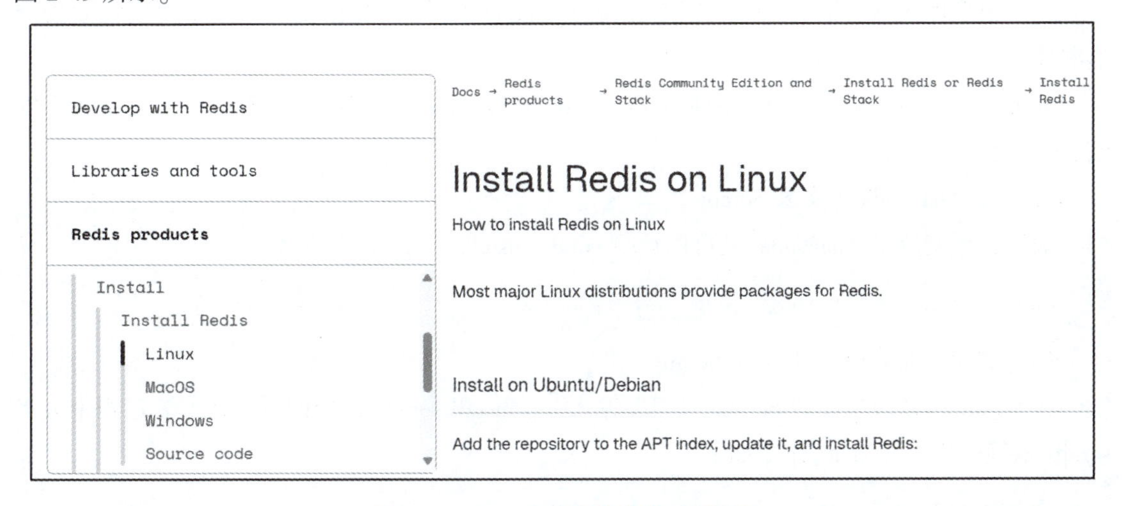

图 2-49　Redis 在官网的安装手册页面

同样，为了使 Python 能够访问 Redis 数据，需要安装 redis-py 库。安装方法和前面的库一样，命令如下：

```
~ $ pip install redis
```

安装完成后启动 Python，输入如下命令，出现 redis-py 版本号即安装成功。

```
>>>import redis
>>>redis.VERSION
>>>(3,5,3)
```

RedisDump 是一个对 Redis 与 Json 进行转换的工具，用于导入、导出 Redis 数据，它基于 Ruby 开发，因此安装 RedisDump 需要首先安装 Ruby。Ruby 在 Linux 平台下的安装方法如下：

```
~ $ apt-get install ruby-full
```

注意：如果在 Windows 系统上安装，先下载安装包并运行即可。

可以用如下所示命令检验 Ruby 是否安装成功。

```
~ $ Ruby - v
~ $ Ruby 2.3.1p112(2016-04-26) [x86_64-linux-gnu]
```

安装成功后,执行如下所示命令即可安装 redis-dump。

```
~ $ gem install redis-dum
```

微课 安装 Scrapy

三、安装 Scrapy

Scrapy 是一个用于爬取网站和提取结构化数据的应用程序框架,可广泛用于各种应用程序,如数据挖掘、信息处理或历史文档处理等。尽管 Scrapy 最初是为爬取 Web 数据而设计的,但它也可以使用 API 或作为通用 Web 爬虫来提取数据。Scrapy 依赖很多库才能够运行,如 lxml、Twisted、pyOpenSSL 等,因此在安装 Scrapy 之前需要安装这些库。

安装 Scrapy 的方式有很多,主要有 Anaconda 安装、Windows 系统上安装和 Linux 平台下安装,下面就一一介绍。

(一)在 Anaconda 下安装 Scrapy

如果已经安装了 Anaconda,就可以运行 conda install scrapy 命令安装:

```
~ $ conda install scrapy
```

(二)在 Windows 系统上安装 Scrapy

在 Windows 系统上安装 Scrapy 只需要输入 pip install scrapy 命令即可。在安装过程中会将 scrapy 依赖的库一并装上,命令如下:

```
~ $ pip install Scrapy
```

(三)在 Linux 平台下安装 Scrapy

在 Linux 平台下安装 Scrapy 同样需要先安装相关的库,其命令如下:

```
~ $ sudo apt-get install python-dev python-pip libxml2-dev libxslt1-dev zlib1g-dev libffi-dev libssl-dev
```

从以上命令中可以看出,Scrapy 依赖的库包括 libxml2-dev、libxslt1-dev zlib、1g-dev、libffi-dev、libssl-dev 等。相关库安装完成后,就可以使用 pip 命令安装 Scrapy。

```
~ $ pip install scrapy
```

任务小结

本任务主要介绍了数据库及存储库的安装,包括 MongoDB、pymongo、Redis、Redis-py、redis-dump。除此之外,本任务还介绍了常用的数据爬取框架 Scrapy 以及它的不同安装方式。

思考与练习

一、选择题

1. 如果要退出 Python 环境,可以通过(　　)方式实现。

A. exit( )命令　B.【Ctrl+Z】组合键　C. quit( )命令　D.【Ctrl+B】组合键

2. 下列关于 NoSQL 数据库说法正确的是(　　)。

A. 键值数据库(如 Redis)　B. 列族数据库(如 HBase)

C. 文档数据库(MongoDB)　D. 图数据库(如 GraphDB)

3. 下列(　　)不属于关系型数据库。

A. Oracle　B. MySQL　C. MongoDB　D. SQL Server

4. 以下(　　)是解析库。

A. lxml　B. BeautifulSoup　C. urllib3　D. Requests

5. 下列关于 XPath 的说法正确的是(　　)。

A. XPath 是一门在 XML 文档中查找信息的语言。

B. XPath 同样适用于 HTML 文档的搜索。

C. XPath 提供大量的内建函数,用于字符串、数值、时间的匹配。

D. XPath 通过路径对 XML 或 HTML 中的数据进行选择和提取。

二、判断题

1. 使用 Python 3 编写的程序可以不做任何改变运行在 Python 2 上。(　　)

2. Anaconda 会自带 Python。(　　)

3. Selenuim 是一个数据存储库。(　　)

4. 在 Python 中如果要访问 MySQL 数据库,必须安装 lxml 库。(　　)

5. Scrapy 是一个爬虫框架。(　　)

三、简答题

1. 安装 Python 3 有哪些方式?

2. 如何安装 Requests、BeatifulSoap、Selenium?

3. Anaconda 配置环境的作用是什么?

4. 如何检验库是否安装成功?

5. lxml 库的作用是什么?

6. Requests 和 Urllib 的区别是什么?

7. 如何在 PyCharm 中添加新的库?

8. 如何在 PyCharm 中配置 Anaconda 环境?

9. 在命令提示符环境下,安装 Python 库的命令是什么?

10. BeatufulSoup 和 lxml 相比,在解析数据方面有什么不同?

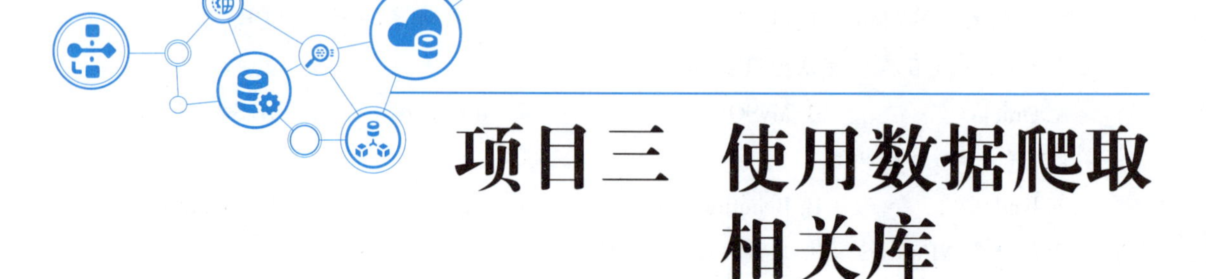

项目三　使用数据爬取相关库

任务一　使用请求库

任务描述

本任务主要介绍使用Python及其相关请求库对数据进行爬取，具体涉及使用urllib和Requests爬取数据的方法，为后面的综合应用打下基础。

任务目标

- 掌握urllib的数据获取方法。
- 掌握urllib.request的数据获取方法。

微课

使用URLlib抓取数据

任务实施

一、使用urllib爬取数据

（一）发送请求

1. urlopen()方法

urllib.request模块定义了适用于在各种复杂情况下打开URL（主要为HTTP）的函数和类，例如基本认证、摘要认证、重定向、Cookie等。这里给出一个使用urlopen()方法打开网页的例子。

```
#程序3.1
import urllib.request
response = urllib.request.urlopen('http://www.baidu.com')
```

```
print(response.read().decode('utf-8'))
```

首先,要使用 urlopen()方法,必须在代码头部加载 urllib. request 库,然后可以调用 urlopen()方法打开一个网页,这里使用了百度的网址作为其参数。urlopen()方法将返回一个 http. client. HTTPResponse 类的对象,即这里的 response,然后调用 response 的 read()方法输出结果。read()方法返回服务器的响应体,decode 是用来设置响应体的编码,这里使用 utf-8。

urlopen()方法除了 url 这个参数外,还可以携带其他参数。urlopen()方法的完整声明如下:

```
urllib.request.urlopen(url, data=None, [timeout,]*, cafile=None, capath=None, cadefault=False, context=None)
```

其中:

- url:需要访问的 url。
- data:一般为请求头,如果不需要请求头,则设置为 None。
- timeout:设置请求超时时间,以秒为单位。如果超过时间没有得到响应,则连接失败。
- cafile、capath 和 cadefault:这三个参数在 Python 3.6 以后已经取消,所以只需采用默认设置即可。
- context:指定 SSL 设置。

上面程序的运行结果如图 3-1 所示。

```
<!DOCTYPE html><!--STATUS OK-->


    <html><head><meta http-equiv="Content-Type" content="text/html;charset=utf-8"><meta http-equiv="X-UA-Compatible
    <script data-compress=strip>
        function h(obj){
            obj.style.behavior='url(#default#homepage)';
            var a = obj.setHomePage('//www.baidu.com/');
        }
    </script>
```

图 3-1　程序运行结果

下面通过一个例子说明 data 参数的用法,这里访问 httpbin 这个网页。httpbin 是一个使用 Python+Flask 编写的 HTTP Request&Response Service,该服务主要用于测试 HTTP 库。可以向它发送请求,然后它会按照指定的规则将请求返回。程序如下:

```
#程序 3.2
import urllib.request
import urllib.parse
data = bytes(urllib.parse.urlencode({'word': 'China'}), encoding='utf-8')
response = urllib.request.urlopen('http://httpbin.org/post', data)
print(response.read().decode('utf-8'))
```

如果使用 data 参数,HTTP 的 Method 应为 POST 方式。这里传递一个参数 word,其值为

China,需要将其转换成 bytes,需要使用 urllib. parse 模块。urllib. parse 模块提供了对 URL 的解析功能,或者合并成一个 URL,或者将相对 URL 转换成绝对 URL。urlencode()方法将字典格式或二元组格式的数据转换成具有百分比编码的 ASCII 字符串,转换后的结果赋给 data。然后,将 data 作为参数传递给 urlopen()方法,就可以将参数一起传递给服务器。程序运行结果如图 3-2 所示。

```
{
  "args": {},
  "data": "",
  "files": {},
  "form": {
    "word": "China"
  },
  "headers": {
    "Accept-Encoding": "identity",
    "Content-Length": "10",
```

图 3-2 程序运行结果

2. urllib. request 类

虽然 urlopen()方法可以实现对服务器的连接,但 urlopen()方法仅提供基本的连接功能,对于比较复杂的连接,如请求中需要加入 Headers 等信息,则需要 urllib. request 类来实现。下面给出一个简单的例子。

```
#程序 3.3
import urllib.request
request= urllib.request.Request('http://www.baidu.com')
response=urllib.request.urlopen(request)
print(response.read().decode('utf-8'))
```

和程序 3.1 不同的是,这里没有直接将 URL 传递给 urlopen()方法,而是先初始化 Request 对象 request,然后将 request 对象作为参数传递给 urlopen。这样做可以灵活地设置连接参数。urllib. request. Request 构造函数的声明如下:

```
urllib.request.Request(url,data=None, headers={},origin_req_host=None,unveri-
fiable=False,method=None)
```

参数含义如下:

- url:要请求的 url。
- data:需要传递的数据。data 必须是 bytes 类型,如果是字典,可以用 urllib. parse 模块里的 urlencode()方法编码。

- headers：请求头。
- origin_req_host：指定请求方的 host 名称或者 IP 地址。
- unverifiable：设置网页是否需要验证，默认是 False，一般不用设置。
- method：指定请求使用的方法，如 GET、POST 和 PUT 等。

我们再来看另一个稍微复杂一点的示例。

```
#程序 3.4
from urllib import request
from urllib import parse
url='http://httpbin.org/post'
headers={
  'User-Agent': 'Mozilla/5.0 (Windows NT 10.0; WOW64) AppleWebKit/537.36 (KHTML,
like Gecko)'
  'Chrome/88.0.4324.150 Safari/537.36',
  'Host': 'httpbin.org',
  'Connection': 'keep-alive'
}
dict={
  'name': 'China'
}
data=bytes(parse.urlencode(dict), encoding='utf8')
req=request.Request(url=url, data=data, headers=headers, method='POST')
response=request.urlopen(req)
print(response.read().decode('utf-8'))
```

以上示例中为 request 加了一个 headers，同时还发送一个 data 数据。headers 中的内容可以从 Chrome 的开发者模式中复制，如图 3-3 所示。

```
▼请求标头    查看源代码
  Accept: text/html,application/xhtml+xml,application/xml;q=0.9,image/avif,image/webp,image/apn
  g,*/*;q=0.8,application/signed-exchange;v=b3;q=0.9
  Accept-Encoding: gzip, deflate
  Accept-Language: zh-CN,zh;q=0.9
  Cache-Control: max-age=0
  Connection: keep-alive
  Host: httpbin.org
  Upgrade-Insecure-Requests: 1
  User-Agent: Mozilla/5.0 (Linux; Android 6.0; Nexus 5 Build/MRA58N) AppleWebKit/537.36 (KHTML,
  like Gecko) Chrome/96.0.4664.110 Mobile Safari/537.36
```

图 3-3　访问 httpbin 的 headers

程序 3.4 的结果如图 3-4 所示。

```
{
  "args": {},
  "data": "",
  "files": {},
  "form": {
    "name": "China"
  },
  "headers": {
    "Accept-Encoding": "identity",
```

图 3-4　运行结果

当然,headers 也可以使用 add_header()方法添加。add_header()方法的声明如下:

```
Request.add_header(key,val)
```

add_header()方法的参数就是一个键值对,如 add_header('Host','httpbin. org')。

3. Handler 类

如果要处理更加复杂的爬取任务(如要处理与 Cookie 有关的任务),就需要用到 urllib 的 Handler 类,这些类可以处理更加复杂的情况。BaseHandler 对象是这些 Handler 类的基类,它提供了 Handler 类的共有函数。常用的有 HTTPRedirectHandler 对象、HTTPCookieProcessor 对象、ProxyHandler 对象、HTTPPasswordMgr 对象、HTTPPasswordMgrWithPriorAuth 对象、AbstractBasicAuthHandler 对象、HTTPBasicAuthHandler 对象等。这里只介绍 HTTPCookieProcessor 对象,了解它是怎样处理 Cookie 的(见程序 3.5),其余对象读者可以查阅相关文档。

```
#程序 3.5
import http.cookiejar,urllib.request
cookies=http.cookiejar.CookieJar()
handler=urllib.request.HTTPCookieProcessor(cookies)
opener=urllib.request.build_opener(handler)
response=opener.open('http://www.baidu.com')
for item in cookies:
    print(item.name +"="+item.value)
```

这里需要加载 cookiejar 库,这个库管理 HTTP Cookie 值、存储 HTTP 请求生成的 Cookie、向传出的 HTTP 请求添加 Cookie 的对象。之后创建 CookieJar 对象,这个对象作为 HTTPCookieProcessor 参数生成 handler 对象,接着调用 request. build_opener()方法生成 opener 对象,并调用该对象的 open()方法建立连接。最后输出 Cookie。这里需要解释一下为什么不用 urlopen()方法而用 build_opener()。例如,要爬取网页,有些网页需要填写验证码才能进入,这时就需要 Cookie,可能还需要更多高级功能。urlopen()方法只是打开网页,如果需要实现上述复杂功能,就需要 handler 生成的 opener。运行结果如图 3-5 所示。

```
BAIDUID=6E8BC03CD2074BBF86049D6D0BAB5EF5:FG=1
BIDUPSID=6E8BC03CD2074BBFF1226EE1D98073B2
H_PS_PSSID=35105_31254_35489_35456_34584_35490_35348_35245_35318_26350_35478_35562
PSTM=1640139601
BDSVRTM=0
BD_HOME=1
```

图 3-5 获取的 Cookie

(二)解析链接

前面的程序中用到了 urllib 的 parse 模块,它定义了处理 URL 的标准接口。例如,实现 URL 各部分的抽取、合并以及链接转换,可以使用 parse 库中的方法对 URL 进行解析。

1. urllib. parse. urlparse()方法

该方法可以实现 URL 的分段。方法声明如下:

```
urllib.parse.urlparse(urlstring, scheme='', allow_fragments=True)
```

该方法包含三个参数:URL、Scheme 和 allow_fragments。该方法将 URL 分为六部分,其格式为

```
scheme://netloc/path;parameters? query#fragment.
```

以上格式中各部分说明见表 3-1。

表 3-1 URL 解析说明

属性	索引	值	值(如果不存在)
scheme	0	URL 方案说明符	scheme parameter
netloc	1	网络位置部分	空字符串
path	2	分层路径	空字符串
params	3	最后路径元素的参数	空字符串
query	4	查询组件	空字符串
fragment	5	片段识别	空字符串
username	—	用户名	None
password	—	密码	None
hostname	—	主机名(小写)	None
port	—	端口号为整数(如果存在)	None

下面通过一个具体的示例程序说明。

```
#程序 3.6
from urllib.parse import urlparse
res = urlparse('http://www.cwi.nl:80/% 7Eguido/Python.html')
print(res)
print(res.scheme)
print(res.port)
```

urlparse()方法对 URL 进行解析，可以通过 res 的各个属性输出解析后的各个部分。

程序运行结果如图 3-6 所示。

```
ParseResult(scheme='http', netloc='www.cwi.nl:80', path='/%7Eguido/Python.html', params='', query='', fragment='')
http
80
```

图 3-6　URL 解析后的结果

2. urllib. parse. urlunparse()方法

有了 urlparse()方法，相应地就有 urlunparse()方法。它的作用与 urlparse()方法相反，是将 URL 各部分重组为一个完整的 URL。程序如下：

```
#程序 3.7
from urllib.parse import urlunparse
res = urlunparse(['http', 'www.cwi.nl:80', '/% 7Eguido/Python.html', '', '', ''])
print(res)
```

程序运行结果如下：

```
http://www.cwi.nl:80/% 7Eguido/Python.html
```

微课

使用 Requests 爬取数据

二、使用 Requests 爬取数据

除了可以使用 urllib 库中的 urlopen()方法请求页面外，Python 还提供了 Requests 库实现同样的功能。这是因为 Requests 比 urllib 更为便捷，它可以直接构造 GET 或 POST 请求并发起请求，而 urllib. request 只能先构造 GET 或 POST 请求，再发起请求。下面通过示例看一下如何利用 Requests 发起请求。

```
#程序 3.8
import requests
r=requests.get('http://httpbin.org/get')
print(type(r))
print(r.status_code)
print(r.text)
# requests 实现 post()、put()、delete()等方法
r=requests.post('http://httpbin.org/post')
r=requests.put('http://httpbin.org/put')
r=requests.delete('http://httpbin.org/delete')
```

这里调用 get()方法取代 urlopen()方法实现相同的操作，程序运行结果如图 3-7 所示。

除了使用 get()方法实现一个 GET 请求外，同样可以使用 post()、put()等方法实现请求，在程序 3.8 中给出了示例。下面对常用的 GET 和 POST 请求进行详细介绍，其余请求方式读者可以查阅相关资料。

```
<class 'requests.models.Response'>
200
{
  "args": {},
  "headers": {
    "Accept": "*/*",
    "Accept-Encoding": "gzip, deflate",
    "Host": "httpbin.org",
    "User-Agent": "python-requests/2.24.0",
```

图 3-7　使用 Requests 的 get() 方法实现请求

(一)GET 请求

GET 请求是 HTTP 中最常见的请求之一,在程序 3.8 中已经给出了 Requests 的 GET 请求方法。

从运行结果可以看到,一旦成功发起了 GET 请求,服务器将返回请求头、URL 等信息。

如果要附加额外的信息,例如现在要添加两个参数:一个是 name,其值为 zhangsan;另一个是 age,其值为 18。那么,仍然可以通过 Requests 发送请求。前面提到过,可以将用户需要传递的参数放在 urllib. request 的 data 参数中,那么 Requests 是否也有这个参数呢? 下面先看一下 resuests. get() 方法是如何定义的。

```
requests.get(url,params=params,headers=headers)
```

程序 3.9 是一个使用 Requests 的示例。

```
#程序 3.9
import requests
data={
    'name': 'zhangsan',
    'age': 18
}
r=requests.get('http://httpbin.org/get', data)
print(r.url)
```

如果定义了程序 3.9 所示的 data,就可以将 data 赋予 params 这个参数实现数据传递。其输出结果为

```
http://httpbin.org/get? name=zhangsan&age=18
```

可以看到,在 get() 方法中,输出结果就是将参数放在 URL 后面。因此,也可以在 get() 方法中将 url 参数直接写成:

```
requests .get('http://httpbin.org/get? name=zhangsan&age=18')
```

需要注意的是,字典里值为 None 的键都不会被添加到 URL 的查询字符串里。当然,还可

以将列表传递给 data 如下：

```
#程序 3.10
import requests
data={
    'name': 'zhangsan',
    'info': ['2020', 'Computer Science']
}
r=requests.get('http://httpbin.org/get', data)
print(r.url)
```

程序运行结果：

```
http://httpbin.org/get? name=zhangsan&info=2020&info=Computer+Science
```

图 3-7 返回的结果是 string 类型的，如果要直接返回 JSON 格式，可以使用 r. json() 方法得到 JSON 格式的结果。

（二）爬取网页

通常来说，通过 Requests 获得的是整个网页的内容，但是用户往往只需要提取自己所关心的数据，因此还要进一步对所获取的页面进行解析，也就是数据提取。程序 3. 11 给出了获取页面数据的方法。

```
#程序 3.11
import requests
import re
r=requests.get("http://dblab.xmu.edu.cn/post/5663/")
print(r.text)
results=re.findall('<td.* ? >(大数据.* ?)</td>', r.text, re.S)
for result in results:
    print(result)
```

之前获取的数据是某教材的目录，程序 3. 11 可进一步提取这本教材的每一章标题。

这里仍然使用 requests. get() 方法获取页面。为了提取页面中的数据，使用了正则表达式匹配数据的方式来提取数据，关于正则表达式详细的内容请大家利用其他资源进行学习，这里只简要介绍程序中所出现的方法。首先，要使用正则表达式，必须要导入 re 库；其次，为了获取用户需要的数据，必须自定义正则表达式的模式。定义正则表达式有一套规则，这里暂不详细介绍，为了提取每一章的标题，定义正则表达式为：'<td. * ? >(大数据. * ?) </td>'，表示提取在<td>和</td>之间以大数据开始的信息。在页面中能够匹配上述正则表达式的可能不止一个，为了获取全部的匹配数据，这里调用了 re. findall() 方法。该方法有 3 个参数：第一个是正则表达式模式，第二个是获取的页面数据，第三个是修饰符，re. S 表示使“. ”匹配包括换行符在内的所有字符。程序运行结果如图 3-8 所示。

```
大数据技术原理与应用（第2版） 第二章 大数据处理架构Hadoop  学习指南
大数据技术原理与应用（第2版） 第三章 分布式文件系统HDFS  学习指南
大数据技术原理与应用（第2版） 第四章 分布式数据库HBase  学习指南
大数据技术原理与应用（第2版） 第五章 NoSQL数据库
大数据技术原理与应用（第2版） 第六章 云数据库 学习指南
大数据技术原理与应用（第2版） 第七章 MapReduce  学习指南
大数据技术原理与应用（第2版） 第九章 Spark  学习指南
```

图 3-8 页面获取结果

（三）爬取非文本数据

在上面的例子中，爬取的是页面中的文本数据，如果想爬取图片、音频、视频等非文本数据文件，应该如何获取呢？

图片、音频、视频这些文件本质上都是二进制数据，因此获取非文本数据实际上就是把它们当作二进制数据来获取。这里以某网站为例，来获取一个图像文件，代码如下：

```
#程序 3.12
import requests
r=requests.get("http://dblab.xmu.edu.cn/wp-content/uploads/2017/09/大数据实验案例教程网站宣传 BANNER1.jpg")
print(r.text)
with open('pic.jpg', 'wb') as f:
    f.write(r.content)
```

这里使用了 Response 对象的两个属性：text 和 content。这里首先将 text 打印出来，其次将 content 保存到文件中，运行结果图 3-9 所示。

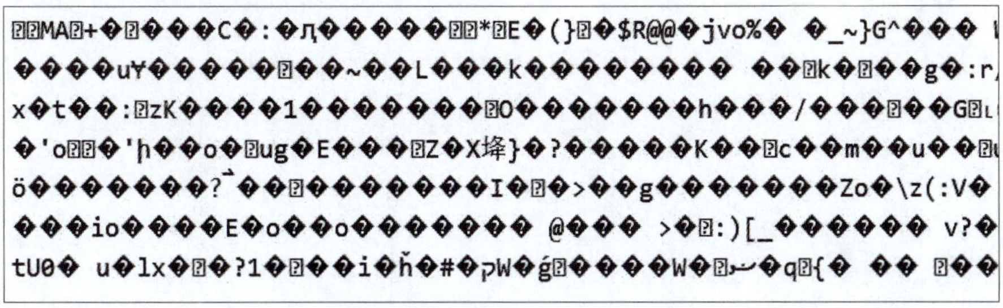

```
��MA�+�����C�:�л��������*�E�(}��$R@@�jvo%� �_~}G^���
����uҰ���������~��L���k��������� ���k����g�:r
x�t��:�zK����1���������O���������h���/�������G�
�'o���'ђ���o��ug�E������Z�X垺}�?������K����c��m��u���
ö���������?����������������I���>��g���������Zo�\z(:V�
���io�����E�o���o��������� @���� >��:)[_������� v?�
tU0� u�lx����?1������i�ȟ�#�ϼW�ǵ������W���q�{� �� ���
```

图 3-9 获取图片后的输出结果

可以看到，输出 r. text 出现了乱码，这是由于图片不是文本文件，而是二进制数据，所以前者在打印时转化为 string 类型，出现了乱码。

运行结束之后，可以发现项目文件夹中出现了 pic. jpg 的图标，如图 3-10 所示。

同样，音频和视频文件也可以用这种方法获取。

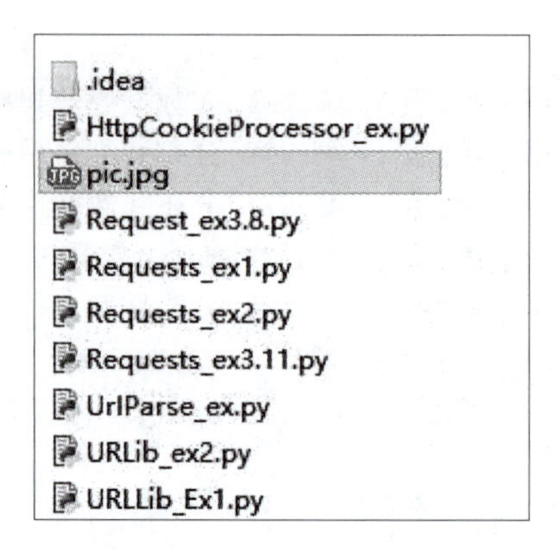

图 3-10　保存获取的图像文件

(四)添加 Headers

与 urllib. request 一样,Requests 也可以通过 headers 参数来传递头信息,其方法和程序 3.4 一样。有些网站如果不带 headers 将无法访问,服务器会返回拒绝服务的信息,这时就需要附带头部信息。

例如,访问“知乎”网站时,如果不传递 headers,就不能正常请求,代码如下:

```
#程序 3.13
import requests
r=requests.get('https://www.zhihu.com/explore')
print(r.text)
```

程序运行结果为:

```
<html> <body>< h1>500Server Error</h1>
An internal server error occured.
</body></html>
```

但如果加上 headers 并加上 User-Agent 信息,可以访问代码如下:

```
#程序 3.14
import requests
headers={
    'User-Agent':'Mozilla/5.0 (Windows NT 10.0; Win64; x64) AppleWebKit/537.36 (KHT-
ML, like Gecko) Chrome/78.0.3904.87 Safari/537.36'
}
r=requests.get("https://www.zhihu.com/explore"headers=header0s)
print(r. text)
```

当然,也可以在 headers 这个参数中任意添加其他的字段信息。

(五)POST 请求

使用 Requests 实现 POST 请求和 GET 请求类似,只不过将 get()方法换成 post()方法。如果在 r=requests. post('http://httpbin. org/post')后面加上 print(r. ext),输出结果如图 3-11 所示。

```
200
{
  "args": {},
  "headers": {
    "Accept": "*/*",
    "Accept-Encoding": "gzip, deflate",
    "Host": "httpbin.org",
    "User-Agent": "python-requests/2.24.0",
```

图 3-11　POST 请求后返回的结果

(六)响应

在请求得到响应后,除了可以获取网页数据外,还可以得到来自服务器的响应。Response 提供了许多属性来帮助用户获取响应信息,如状态码、响应头、Cookies 等。常用的属性及说明如表 3-2 所示:

表 3-2　Response 常用属性及说明

属性名称	说　明
Text	返回的网页数据。
Url	网页地址信息。
Status_Code	状态码。
Heades	返回的响应头信息。
Cookies	Cookie 信息。
Content	返回的二进制信息。
encoding	从响应中提取的编码信息。
history	历史请求信息。
apparent_encoding	从内容中分析出来的编码信息。
raw	返回的原始响应体,也就是 urllib 的 Response 对象,使用 r. raw. read()读取。
request. headers	查看 HTTP 请求的头部,注意和 r. headers 不同。

下面给出一段具体的示例代码。

```
#程序 3.15
import requests
r = requests.post('http://httpbin.org/post')
print(r.text)
print(r.url)
```

```
print(r.status_code)
print(r.headers)
print(r.cookies)
print(r.encoding)
print(r.apparent_encoding)
print(r.raw.read())
print(r.request.headers)
print(r.history)
```

程序运行结果如下：

```
{"args": {},
"data": "":,
"files": {},
"form": {},
"headers": {
"Accept": "* /* ",
"Accept-Encoding": "gzip, deflate",
"Content-Length": "0",
"Host": "httpbin.org",
"User-Agent": "python-requests/2.25.1",
"X-Amzn-Trace-Id": "Root=1-602de4a6-2c4524657883e7a5648fef72"
},
"json": null,
"origin": "117.61.8.33",
"url": "http://httpbin.org/post"
}
http://httpbin.org/post
200
{'Date': 'Thu, 18 Feb 2021 03:53:10 GMT', 'Content-Type': 'application/json', 'Contennjt-Length': '396', 'Connection': 'keep-alive', 'Server': 'gunicorn/19.9.0', 'Access-Control-Allow-Origin': '* ', 'Access-Control-Allow-Credentials': 'true'}
<RequestsCookieJar[]>
utf-8
ascii
b''
{'User-Agent': 'python-requests/2.25.1', 'Accept-Encoding': 'gzip, deflate', 'Accept': '* /* ', 'Connection': 'keep-alive','Content-Length':'0'}
[]
```

任务小结

本任务主要介绍了请求库的使用,包括 urllib 和 Requests。urllib 提供了基本的网页数据请求,而 requests 功能更加强大,它可以携带更加复杂的请求数据,实现较为复杂的数据请求任务。

任务二　使用解析库

任务描述

在本任务中,将介绍网页的基本结构。如何对爬取的内容进行数据提取,这就是解析库的作用。本任务将介绍 XPATH、BeautifulSoup,Pyquery、Ajax 和正则表达式对数据进行解析,提取用户感兴趣的数据。

任务目标

- 应用 XPATH 数据解析方法。
- 应用 BeautifulSoup 数据解析方法。
- 应用 Pyquery 数据获取方法。
- 应用 Ajax 数据解析方法。

任务实施

一、使用 XPATH

在项目一的任务三中介绍网页基本内容时,提到过 CSS,即层叠样式表。简单地说,利用 CSS 可以为不同的网页元素设置不同的样式。这项功能是通过 CSS 所提供的 id、class 或直接对 HTML 标记设置样式来实现的。还有一个概念是 DOM(document object model),它将网页看成是一个结构化和层次化的数据结构,并且采用树状结构作为网页元素的组织方式,那么访问不同的网页元素(包括数据)时就可以采用类似于磁盘路径的方式,这就是 XPath。在页面解析时,可以利用 XPath 或 CSS 选择器来提取某个结点,然后再调用相应方法获取需要的数据。在介绍 XPATH 之前,首先介绍一下网页的基本结构和 CSS 的基本知识。

微课

了解网页基本结构和 CSS

(一)网页基本结构和 CSS

1. 网页基本结构

网页主要是由 HTML 编写的,除了 HTML 之外,还有 CSS、脚本语言等。一个比较简单的网页结构如下:

```
<html>
<head>
<title>大数据采集与应用</title>
```

```
</head>
<body>
<h1>DOM 任务一</h1>
<p>Hello World! </p>
</body>
</html>
```

这段代码包含了网页主要组成部分。关于 HTML 这里不再介绍,读者可以查阅相关参考书。需要说明的是,这个网页可以看成是结构化的数据,它是一个具有树状结构的层次化结构,这里就引出了 DOM 的概念。DOM 是 W3C(万维网联盟)的标准,定义了访问 HTML 和 XML 文档的规范。

W3C 文档对象模型(DOM)是中立于平台和语言的接口,它允许程序和脚本动态地访问和更新文档的内容、结构和样式。

W3C DOM 标准分为三个不同的部分,具体如下:

(1)核心 DOM:针对任何结构化文档的标准模型。

(2)XML DOM:针对 XML 文档的标准模型。

(3)HTML DOM:针对 HTML 文档的标准模型。

特别地,对于 HTML DOM 来说,其定义了所有 HTML 元素的对象和属性,以及访问它们的方法。换言之,HTML DOM 是关于如何获取、修改、添加或删除 HTML 元素的标准。

在 HTML DOM 中,所有事务都是结点。DOM 被视为结点树的 HTML。根据 W3C 的 HTML DOM 标准,HTML 文档中的所有内容都是结点:

- 整个文档是一个文档结点。
- 每个 HTML 元素是元素结点。
- HTML 元素内的文本是文本结点。
- 每个 HTML 属性是属性结点。
- 注释是注释结点。

HTML DOM 将 HTML 文档看成树状结构,这种结构称为结点树,结点树的图形结构如图 3-12 所示。

通过 DOM,可以利用脚本语言对 HTML 所有结点进行访问和操作,包括读取、修改、添加和删除等。例如,前面的 HTML 代码有如下的结点树:

(1)<html>结点没有父结点,它是根结点,拥有<head>和<body>两个子结点。

(2)<head>元素是<html>元素的首个子结点,<head>结点拥有一个子结点<title>。

(3)文本结点"Hello world!"的父结点是<p>结点。

(4)<title>结点也拥有一个子结点即文本结点“大数据采集与应用”。

(5)<body>元素是<html>元素的最后一个子结点。

(6)<h1>和<p>结点是同胞结点,同时也是<body>的子结点,<h1>元素是<body>元素的首个子结点,<p>元素是<body>元素的最后一个子结点。

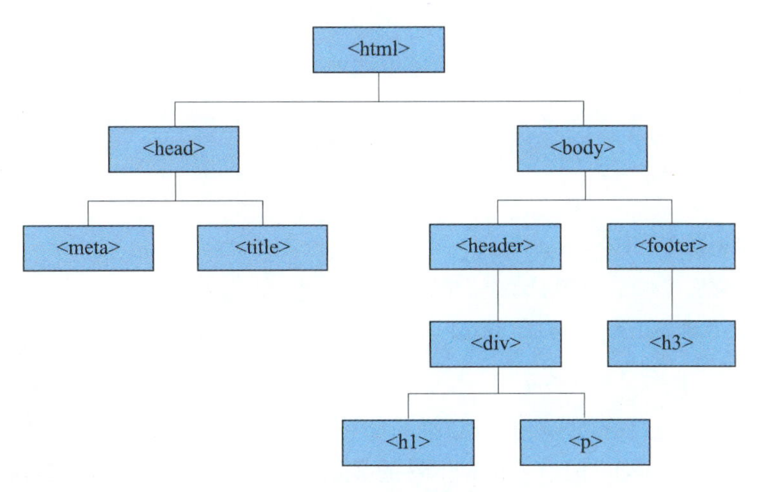

图 3-12　HTML 的结点树

这和数据结构中的树完全一致。

2. CSS 基本概念

CSS(层叠样式表)用于定义如何显示 HTML 元素,实现了内容和展示的分离。CSS 分为内部 CSS 和外部 CSS,内部 CSS 直接包含在网页内,而外部 CSS 则单独放在一个文件中,并通过 HTML 的 Link 标记导入。本书不详细介绍 CSS 的全部功能、语法,仅就 XPATH 所涉及的内容进行简单介绍,更多的内容读者可以查阅相关资料。

3. CSS 语法

CSS 语法主要由两部分构成:选择器和一个或多个样式描述,如图 3-13 所示。

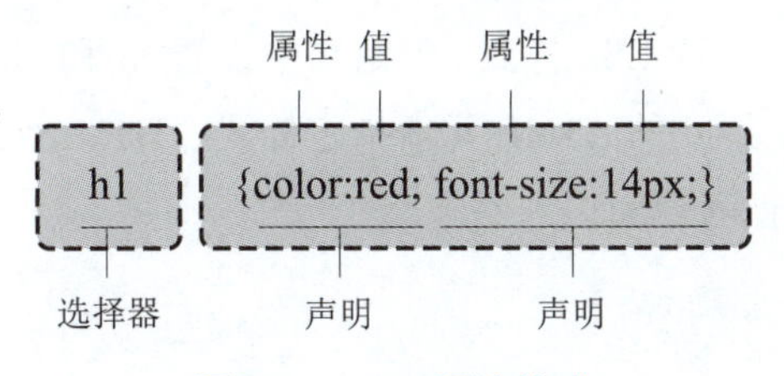

图 3-13　CSS 语法格式

样式描述中每个样式由属性—值对构成,多个属性—值对之间由“;”间隔,属性—值对的属性和值由“:”分隔。例如:

```
<! DOCTYPE html>
<html>
<head>
<meta charset="utf-8">
<title>菜鸟教程(runoob.com)</title>
<style>
body {background-color:yellow;}
h1   {font-size:36pt;}
```

```
h2   {color:blue;}
p    {margin-left:50px;}
  </style>
  </head>
<body>
<h1>这个标题设置的大小为 36 pt</h1>
<h2>这个标题设置的颜色为蓝色:blue</h2>
<p>这个段落的左外边距为 50 像素:50px</p>
</body>
</html>
```

这里的 CSS 设置了 body、h1、h2 和 p 标签的显示样式,其显示结果如图 3-14 所示。

这个标题设置的大小为 36 pt

这个标题设置的颜色为蓝色：blue

这个段落的左外边距为 50 像素：50px

图 3-14 CSS 的显示结果

4. id 和 class 选择器

如果要在 HTML 元素中设置 CSS 样式,在元素中设置 id 和 class 选择器是比较常用的做法。id 选择器可以为标有特定 id 的 HTML 元素指定样式。HTML 元素以 id 属性来设置 id 选择器,CSS 中 id 选择器以"#"标识。例如:

```
<! DOCTYPE html>
<html>
<head>
<meta charset="utf-8">
<title>美丽中国</title>
<style>
#para1
{
    text-align:center;
    color:red;
}
</style>
</head>
```

```
<body>
<p id="para1">Hello World! </p>
<p>这个段落不受该样式的影响。</p>
</body>
</html>
```

这里定义了 id 为 para1 的样式,在第一个 p 标记中,属性 id 引用了 para1。因此,#para1 所定义的样式会作用到第一个 p 标签所包含的文本上,而第二个 p 标签则不起作用,如图 3-15 所示。

Hello World!

这个段落不受该样式的影响。

图 3-15　id 选择器

需要注意的是,id 不能以数字开头。

另一个用于设置样式的是 class 选择器。它用于描述一组元素的样式,有别于 id 选择器,可以在多个元素中使用。class 选择器在 HTML 中以 class 属性表示,在 CSS 中,类选择器以一个点“.”号标识。例如:

```
<! DOCTYPE html>
<html>
<head>
<meta charset="utf-8">
<title>菜鸟教程(runoob.com)</title>
<style>
.center
{
    text-align:center;
}
</style>
</head>
<body>
<h1 class="center">标题居中</h1>
<p class="center">段落居中</p>
</body>
</html>
```

这里定义了一个 class 选择器 center,凡是 class 属性引用了 center 的 HTML 标记都会被 center 定义的样式所作用。上述 HTML 的样式如图 3-16 所示。

标题居中

段落居中

图 3-16　class 选择器

类名的第一个字符同样不能用数字,也可以指定特定的 HTML 元素使用 class。例如:

```
<! DOCTYPE html>
<html>
<head>
<meta charset="utf-8">
<title>菜鸟教程(runoob.com)</title>
<style>
p.center
{
   text-align:center;
}
</style>
</head>
<body>
<h1 class="center">这个标题不受影响</h1>
<p class="center">这个段落居中对齐。</p>
</body>
</html>
```

这里直接为 p 的 class 属性值 center 定义了样式,因此只有<p class="center">这个段落居中对齐</p>才会受到影响,而 h1 则不会受到影响,结果如图 3-17 所示。

微课

使用 XPATH 解析数据

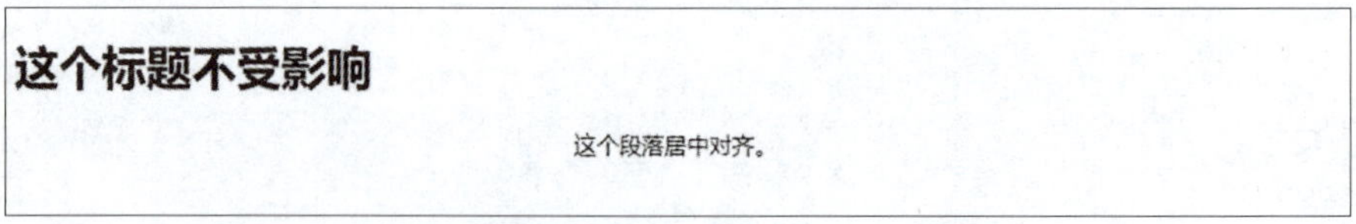

这个标题不受影响

这个段落居中对齐。

图 3-17　指定特定的 HTML 元素使用 class

(二)使用解析数据

XPATH 最早用于解析 XML 文件,用户可以利用 XPATH 提取 XML 文件中的数据。这一技术同样适用于对 HTML 文档数据的提取。XPATH 实际上提供了访问 XML 或 HTML 数据的路径表达式来选取数据,就像访问计算机磁盘上数据需要给出数据的路径一样。与 DOM 一样,

XPATH 同样将 XML/HTML 文档看成树状结构，因此，DOM 中有关文档结构的术语在 XPATH 也适用，如根、孩子双亲、兄弟等。XPATH 的作用是选取结点，其路径表达式规则见表 3-3。

表 3-3　XPATH 的路径表达式规则

表达式	描述
nodename	选取此结点的所有子结点
/	从根结点选取
//	从匹配选择的当前结点选择文档中的结点，而不考虑它们的位置
.	选取当前结点
..	选取当前结点的父结点
@	选取属性

表 3-4 所示为 XPATH 的实例。

表 3-4　XPATH 的实例

路径表达式	结果
bookstore	选取 bookstore 元素的所有结点
/bookstore	选取根元素 bookstore 注释：假如路径起始于正斜杠（/），则此路径始终代表到某元素的绝对路径
bookstore/book	选取属于 bookstore 的子元素的所有 book 元素
//book	选取所有 book 子元素，而不管它们在文档中的位置
bookstore//book	选择属于 bookstore 元素的后代的所有 book 元素，而不管它们位于 bookstore 之下的位置
//@lang	选取名为 lang 的所有属性

下面通过实例介绍如何使用 XPATH 对网页进行解析。假定有如下 HTML 文件：

```
<html>
<head>
<meta http-equiv="Content-Type" content="text/html; charset=utf-8"/>
<title>我的首页</title>
</head>
<body>
<table width="110" border="0" cellspacing="0" cellpadding="0">
<tr>
<td height="800" valign="top">
<ul class="dh">
<li class="dh1">正规学习
<ul class="dh2"><li><a href="xs2.html" target="mainFrame">语文</a></li>
<li><a href="xs3.html" target="mainFrame">数学</a></li>
```

```
<li><a href="xs2.html" target="mainFrame">电子商务</a></li>
<li><a href="xs3.html" target="mainFrame">互联网</a></li>
</ul>
</td>
</tr>
</table>
</body>
</html>
```

下面就使用 XPATH 提取上面 HTML 中的数据。在项目二中已经安装了 lxml 库,现在使用 lxml 库中的方法进行解析。假定已经将网页代码爬取成功并存入 htmltext 变量中,代码如下:

```
#程序 3.16
from lxml import etree
html=etree.HTML(htmltext)
result= etree.tostring(html)
print(result.decode('utf-8'))
```

这里首先导入 lxml 库的 etree 模块,假定 HTML 存放在 htmltext 变量中,然后调用 etree 的 HTML 类进行初始化,构造了一个 XPATH 解析对象。这里 HTML 还有一个功能,就是如果 htmltext 的内容不完整,如缺乏</body>或</html>,etree 模块的 HTML 可以自动补上缺失的标记,使之符合 HTML 语法。另外,也可以直接读取文本文件进行解析,代码如下:

```
#程序 3.17
from lxml import etree
html=etree.parse('../data/test.html', etree.HTMLParser())
result=etree.tostring(html)
print(result.decode('utf-8'))
```

这次的输出结果略有不同,多了一个 DOCTYPE 的声明,但是对解析无任何影响。

```
<! DOCTYPE html PUBLIC "-//W3C//DTD HTML 4.0 Transitional//EN""http://www.w3.org/
TR/REC-html40/loose.dtd">
...
```

如果要访问符合所有要求的结点,就需要使用前面提到的 XPATH 规则。仍以前面的 HTML 文本为例,如果要选取所有结点,代码如下:

```
#程序 3.18
from lxml import etree
html=etree.HTML(htmltext)
results=html.xpath('//* ')
for item in results:
    print(item)
```

程序运行结果如下：

```
<Element html at 0x1b42b967ac8>
<Element head at 0x1b42b967a48>
<Element meta at 0x1b42b967a08>
<Element title at 0x1b42b967b08>
<Element body at 0x1b42b967b48>
<Element table at 0x1b42b967bc8>
<Element tr at 0x1b42b967c08>
<Element td at 0x1b42b967c48>
<Element ul at 0x1b42b967c88>
<Element li at 0x1b42b967b88>
<Element ul at 0x1b42b967cc8>
<Element li at 0x1b42b967d08>
<Element a at 0x1b42b967d48>
<Element li at 0x1b42b967d88>
<Element a at 0x1b42b967dc8>
<Element li at 0x1b42b967e08>
<Element a at 0x1b42b967e48>
<Element li at 0x1b42b967e88>
<Element a at 0x1b42b967ec8>
```

结果中以十六进制给出了每个 HTML 标记在文档中的位置。这里使用“ * ”代表匹配所有结点，因此整个 HTML 文本中的所有结点都会被获取。返回形式是一个列表，每个元素是 Element 类型，其后跟了结点的名称，最后是结点在文档中的位置。

如果要匹配指定结点名称，例如想获取所有结点，代码如下：

```
#程序 3.19
from lxml import etree
html=etree.HTML(htmltext)
result=html. xpath ('/ul')
print(result)
print(result[0])
```

程序运行结果如下：

```
[<Element ul at 0x2407f01ba08>, <Element ul at 0x2407f01ba48>]
<Element ul at 0x2407f01ba08>
```

这里可以看到结果是一个列表形式，其中每个元素都是一个 Element 对象。如果要取出其中一个对象，可以直接用中括号加索引，如[0]。

如果需要查找某个结点的子结点，同样可以通过“/”或“//”实现。假如现在想选择 li 结点

的所有直接 a 子结点,实现代码如下:

```
#程序 3.20
from lxml import etree
html=etree.HTML(htmltext)
result=html. xpath ('//li/a ')
print(result)
```

这里通过追加"/a"选择了所有 li 结点的所有直接 a 子结点。因为"//li"用于选中所有 li 结点,"/a"用于选中 li 结点的所有直接子结点 a,二者组合在一起即获取所有 li 结点的所有直接 a 子结点。

程序运行结果如下:

```
<Element a at 0x1eb10febac8>
<Element a at 0x1eb10febb48>
<Element a at 0x1eb10febbc8>
<Element a at 0x1eb10febc48>
```

提示:注意"/"和"//"的区别,"/"用于获取直接子结点,"//"用于获取子孙结点。

通过连续的"/"或"//"可以查找子结点或子孙结点。假如知道了子结点,可以用".."查找父结点。

例如,要访问 href 属性为 xs2. html 的 a 结点,然后获取其父结点,再获取其 class 属性。代码如下:

```
#程序 3.21
from lxml import etree
html=etree.HTML(htmltext)
result=html.xpath('//a[@ href ="xs2.html"]/../../@ class')
print(result)
```

程序运行结果如下:

```
['dh2']
```

这里@ 表示 HTML 标记的属性,"/../../"表示获取 a 的父结点。当然,也可以通过 parent::获取父结点。代码如下:

```
#程序 3.22
from lxml import etree
html=etree.HTML(htmltext)
result=html.xpath('//a[@ href ="xs2.html"]/parent::* /parent::* /@ class')
print(result)
```

在访问 HTML 结点时,还可以访问指定属性的结点。例如,要访问 class 为 dh1 的 li 结点。

代码如下：

```
#程序 3.23
from lxml import etree
html=etree.HTML(htmltext)
result=html.xpath('//li[@ class="dh1"]')
print(result)
```

程序结果如下：

```
[<Element li at 0x2040ccab9c8>]
```

前面介绍了如何使用 XPATH 对 HTML 结点进行访问，但是用户最关心的是对结点中的数据进行访问。例如，用户希望将上述 HTML 文档中的课程名称提取出来，这就用到 XPATH 中的 text()方法。代码如下：

```
#程序 3.24
from lxml import etree
html=etree.HTML(htmltext)
results=html.xpath('//ul[@ class="dh2"]/li/a/text()')
for item in results:
  print(item)
```

程序运行结果如下：

```
语文
数学
电子商务
互联网
```

二、使用 BeautifulSoup 解析数据

微课

使用 Beautiful Soup 解析数据

BeautifulSoup 是一个可以从 HTML 或 XML 文件中提取数据的 Python 库，它能够通过转换器实现文档导航、查找及修改文档。使用 BeautifulSoup 解析 HTML 文档可大幅提升效率。BeautifulSoup 借助网页的结构和属性等特性来解析网页，有了它，不用再去写一些复杂的正则表达式，只需要简单的几条语句，就可以完成网页中某个元素的提取。

首先给出 HTML 文档，内容为 The Dormouse's story，即爱丽丝梦游仙境的故事。

```
html_doc = """
<html><head><title>The Dormouse's story</title></head>
<body>
<p class="title"><b>The Dormouse's story</b></p>
<p class=''story''>Once upon a time there were three little sisters; and their
names were
```

```
<a href="http://example.com/elsie" class="sister" id="link1">Elsie</a>,
<a href="http://example.com/lacie" class="sister" id="link2">Lacie</a> and
<a href="http://example.com/tillie" class="sister" id="link3">Tillie</a>;
and they lived at the bottom of a well.</p>
<p class="story">...</p>
"""
```

下面看一下 BeautifulSoup 的基本用法,代码如下:

```
#程序 3.25
from bs4 import BeautifulSoup
soup=BeautifulSoup(html_doc, 'html.parser')
print(soup.prettify())
```

首先引入 BeautifulSoup 库,之后创造 BeautifulSoup 对象,构造函数 BeautifulSoup 用了两个参数:html_doc 和 html. parser。html. parser 指定 Beautiful 的解析器为 html. parser。当然,也可以指定其他解析方式,如 lxml。prettify()方法将 BeautifulSoup 的文档树格式化后以 Unicode 编码输出,每个 XML/HTML 标签都独占一行。

程序运行结果如下:

```
<html>
<head>
<title>
The Dormouse's story
</title>
</head>
<body>
<p class="title">
<b>
The Dormouse's story
</b>
</p>
<p class="story">
Once upon a time there were three little sisters; and their names were
<a class="sister" href="http://example.com/elsie" id="link1">
Elsie
</a>
,
<a class="sister" href="http://example.com/lacie" id="link2">
Lacie
</a>
```

```
and
<a class="sister" href="http://example.com/tillie" id="link3">
Tillie
</a>
;
and they lived at the bottom of a well.
</p>
<p class="story">
...
</p>
</body>
</html>
```

可以看出,输出的内容是按照标准化缩进格式输出的。如果要访问文档的结点,可以采用如下程序:

```
#程序 3.26
from bs4 import BeautifulSoup
soup = BeautifulSoup(html_doc, 'html.parser')
print(soup.title)
print(soup.title.name)
print(soup.title.string)
print(soup.title.parent.name)
print(soup.p)
print(soup.p['class'])
print(soup.a)
print(soup.find_all('a'))
```

例如,要访问 title 结点,则使用 soup. title;如果获取 title 的内容,则使用 soup. title. string,这实际上是输出 HTML 中 title 结点的文本内容。所以,soup. title 可以选出 HTML 中的 title 结点,再调用 string 属性就可以得到里面的文本。如果要访问 title 的双亲结点,可以使用 soup. title. parent. name,可以得到头部信息(head)。如果要访问 p 点或 a 结点,可以使用 soup. p 或 soup. a。注意,这里只会返回第一个符合条件的结点,如果要获得所有的 p 结点或 a 结点,就要使用 find_all()方法。如果从文档中获取所有文字内容,可以使用 get_text()方法。

还可以使用 Contents 获取指定标记的内容,内容以列表形式显示。代码如下:

```
#程序 3.27
from bs4 import BeautifulSoup
soup=BeautifulSoup(html_doc, 'html.parser')
head_tag=soup.head
    print(head_tag.contents)
```

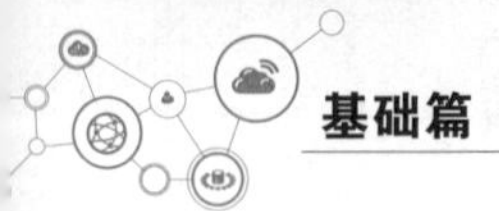

程序运行结果如下：

```
[<title>The Dormouse's story</title>]
```

注意：字符串没有 content 属性，因为字符串没有子结点。如果需要遍历某个结点的所有子结点，可以用 children 属性。代码如下：

```
#程序 3.28
from bs4 import BeautifulSoup
soup=BeautifulSoup(html_doc, 'html.parser')
body_tag=soup.body
for child in body_tag.children:
    print(child)
```

程序运行结果如下：

```
<p class="title"><b>The Dormouse's story</b></p>
<p class=''story''>Once upon a time there were three little sisters; and their
names were
<a class="sister" href="http://example.com/elsie" id="link1">Elsie</a>,
<a class="sister" href="http://example.com/lacie" id="link2">Lacie</a> and
<a class="sister" href="http://example.com/tillie" id="link3">Tillie</a>;
and they lived at the bottom of a well.</p>
<p class="story">...</p>
```

BeautifulSoup 还提供了回退和前进的功能。例如：

```
<html><head><title>The Dormouse's story</title></head>
<p class="title"><b>The Dormouse's story</b></p>
```

对于上面这段 HTML，HTML 解析器把这段字符串解释成一连串的事件："打开<html>标签""打开一个<head>标签""打开一个<title>标签""添加一段字符串""关闭<title>标签""关闭<head>标签""打开<p>标签"，等等。

BeautifulSoup 提供了重现解析器初始化过程的方法。这时会用到. next_element 和 previous_element 以及 next_elements 和 previous_elements。前两者只返回单个元素的下一个和上一个兄弟结点，后两者返回当前元素之后或之前的所有兄弟结点的生成器对象，可以进行遍历操作。next_element 属性结果是在标签被解析之后的解析内容，不是标签后的句子部分。代码如下：

```
#程序 3.29
from bs4 import BeautifulSoup
soup=BeautifulSoup(html_doc, 'html.parser')
last_a_tag=soup.find("a", id="link3")
print(last_a_tag)
```

```
print(last_a_tag.next_sibling)
print(last_a_tag.next_element)
```

程序运行结果如下：

```
<a class="sister" href="http://example.com/tillie" id="link3">Tillie</a>
;
and they lived at the bottom of a well.
Tillie
```

首先，通过 find() 方法搜索 id 为 link3 的 a 标签，将其完整内容全部输出，之后使用 next_sibling 寻找 a 的下一个兄弟结点。注意，a 的下一个兄弟结点是"；"以及其后部分，它们具有共同的双亲结点。而 next_element 则是获取 a 标签内部的字符串部分，即<a>和</a>之间的部分。

除了上述所介绍的内容外，BeatifulSoup 还有许多方法和属性，有兴趣的读者可以查阅相关资料。

微课

使用 PyQuery 解析数据

三、使用 PyQuery 解析数据

PyQuery 允许用户对 XML/HTML 文档进行 jquery 查询。由于 PyQuery 的 API 十分类似于 jquery，因此 PyQuery 可以使用 lxml 快速进行 XML 和 HTML 操作。

（一）简单示例

PyQuery 可以用多种方式输入 HTML 文档，例如直接从网上爬取网页文档，然后将爬取的网页代码存放在某个变量中，再用这个变量去初始化 PyQuery，也可以传入 URL 或文件名等。下面看一个例子，这里仍然以"爱丽丝梦游仙境的故事"（以下简称爱丽丝）文档为例。

```
#程序 3.30
from pyquery import PyQuery as pq
doc=pq(html)
print(doc('a'))
```

运行结果如下：

```
<a href="http://example.com/elsie" class="sister" id="link1">Elsie</a>,
<a href="http://example.com/lacie" class="sister" id="link2">Lacie</a> and
<a href="http://example.com/tillie" class="sister" id="link3">Tillie</a>;
and they lived at the bottom of a well.
```

这里首先引入 PyQuery 对象，然后声明了一个长 HTML 字符串，并将其当作参数传递给 PyQuery 类。接下来，调用 doc('a') 访问所有的 a 结点，也可以用 URL 来初始化 PyQuery。代码如下：

```
#程序 3.31
from pyquery import PyQuery as pq
doc=pq(url='https://www.sohu.com')
print(doc ('title'))
```

程序运行结果如下：

```
<title>搜狐</title>
```

（二）基本 CSS 选择器

可以通过 CSS 选择器对结点进行筛选，其规则为“#”表示 id，“.”表示 class。为了更好地说明，将“爱丽丝”文档略加修改如下：

```
html="""
<html><head><title>The Dormouse's story</title></head>
<body>
<p class="title"><b>The Dormouse's story</b></p>
<p class="story">Once upon a time there were three little sisters; and their names were
<a href="http://example.com/elsie" class="sister" id="link1"><b>Elsie</b></a>,
<a href="http://example.com/lacie" class="sister" id="link2">Lacie</a> and
<a href="http://example.com/tillie" class="sister" id="link3">Tillie</a>;
and they lived at the bottom of a well.</p>
<p class="story">...</p>
"""
```

这里，在第一个 a 标记内 Elsie 前后各加<b></b>，然后通过下面的代码获取这部分内容：

```
#程序 3.32
from pyquery import PyQuery as pq
doc=pq(html)
print(doc('.story #link1 b'))
print(type(doc('.story #link1 b')))
```

程序运行结果如下：

```
<b>Elsie</b>
<class 'pyquery.pyquery.PyQuery'>
```

“.story #link1 b”的含义是先选取 class 为 story 的结点，然后再选取其内部的 id 为 link1 的结点内部的 b 结点。然后打印输出。可以看到，pyquery 找到了符合 CSS 选择器条件的结点。最后，将它的类型打印输出。可以看到，它的类型是 PyQuery 类型。

常用的 CSS 选择器方法如下：

- find()：查找结点的所有子孙结点。
- children()：查找子结点，也可以在括号中添加想要查找的子结点类型。
- parent()：获取目标的父结点。
- parents()：获取所有的祖先结点，可以在括号中添加 CSS 选择器选取想要的祖先结点。
- siblings()：兄弟结点，选择除本身之外的兄弟结点，可添加 CSS 选择器。

(三) 查找结点

如果要查找某个结点的子结点，就需要用到 find() 方法，该方法的参数是 CSS 选择器。代码如下：

```
#程序 3.33
from pyquery import PyQuery as pq
doc=pq(html)
items=doc('.story')
list_a=items.find('.sister')
print(list_a)
```

程序运行结果如下：

```
<a href="http://example.com/elsie" class="sister" id="link1"><b>Elsie</b></a>,
<a href="http://example.com/lacie" class="sister" id="link2">Lacie</a> and
<a href="http://example.com/tillie" class="sister" id="link3">Tillie</a>;
```

首先选取 class 为 story 的结点，然后调用了 find() 方法，参数为“. sister”，表示选取 class 为 sister 的结点。可以看到，find() 方法会将符合条件的所有结点选择出来。

(四) 获取结点属性

可以通过 attr 属性获取 HTML 结点属性，代码如下：

```
#程序 3.34
from pyquery import PyQuery as pq
doc=pq(html)
a=doc('.story #link2')
print(a.attr("href"))
```

程序运行结果：

```
http://example.com/lacie
```

这里用 CSS 选择器选择了 class 为 story 下面的 id 为 link2 的标记 a，再通过 attr 属性访问标记 a 的 href 属性值。

(五) 获取文本数据

PyQuery 提供 text() 和 html() 方法获取结点的文本属性值。这里的 text() 方法为例，代码如下：

```
#程序 3.35
from pyquery import PyQuery as pq
doc=pq(filename='bcd.html')
items=doc('.story')
list_a=items.find('.sister')
for str in list_a.text():
    if str! ='':
          print(str,end='')
    else:
          print()
```

程序运行结果如下：

```
Elsie
Lacie
Tillie
```

首先，找到 class 为 story，其下面的 id 为 link2 的标记 a，然后调用 text()方法输出文本。由于这里需要输出 3 个文本，因此需要通过循环来获取每一行文本。在循环中，str 取 text()方法返回的每一个字符，因此当遇到空格时就换行，否则就不换行。

微课

了解 Ajax 请求

四、爬取 Ajax 数据

Ajax(Asynchronous JavaScript and XML，异步 JavaScript 和 XML)可以实现在不刷新页面的情况下更新数据。例如，用户在浏览微博时，在下滑页面时会发现不断有新的内容显示，而用户并没有重新加载页面，其实这就用到了 Ajax 技术。数据加载是一种异步加载方式，它并不是在最初阶段将数据全部加载到页面中，而是在用户浏览过程中如果需要加载新的数据，页面就会向服务器发送请求，请求某个接口获取新的数据。服务器在接到请求后将数据发送给页面并显示在页面上，这其实就是发送了一个 Ajax 请求。

我们会遇到这样一些页面，如果在浏览器查看源代码，会发现代码很简单，并且在这个页面没有复杂的数据类型，但是用户在浏览器中却能够看到十分丰富的数据内容，这些数据很多是通过 Ajax 统一加载后再呈现出来的。这样做的目的在于进行 Web 开发时可以做到前后端分离，降低服务器直接渲染页面带来的计算压力。如果遇到这样的页面，直接利用 Requests 库来爬取原始页面是无法获取到有效数据的，这时需要分析网页后台向接口发送的 Ajax 请求。如果可以用 Requests 模拟 Ajax 请求，就可以成功爬取数据。

(一)Ajax 的简单示例

发送 Ajax 请求到更新页面主要有发送请求、数据解析和更新页面三个步骤。下面这个例子来源于 W3school 网站，如图 3-18 所示。

当单击“通过 AJAX 修改内容”按钮时，文字内容会发生改变，但并没有刷新页面，如图 3-19 所示。

实例

Let AJAX change this text

通过AJAX修改内容

图 3-18　Ajax 例子

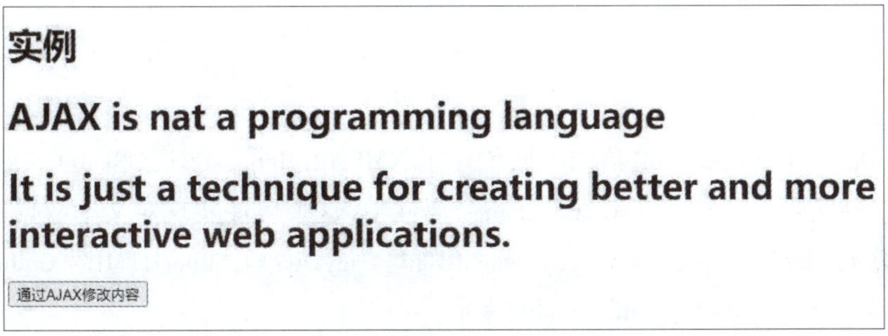

实例

AJAX is nat a programming language

It is just a technique for creating better and more interactive web applications.

通过AJAX修改内容

图 3-19　通过 Ajax 改变文字

文字的改变实际上是靠 JavaScript 脚本实现的。图 3-19 的 HTML 代码如下：

```
<html>
<body>
<div id="myDiv"><h3>Let AJAX change this text</h3></div>
<button type="button" onclick="loadXMLDoc()">通过 AJAX 修改内容</button>
</body>
</html>
```

可以看到，在页面中定义一个 button 按钮，它的 onclick 事件响应函数为 loadXMLDoc()。也就是说，只要单击了这个按钮，loadXMLDoc() 函数就会被执行。其对应的脚本如下：

```
<script type="text/javascript">
function loadXMLDoc()
{
    if (window.XMLHttpRequest)
    {    // code for IE7+, Firefox, Chrome, Opera, Safari
        xmlhttp=new XMLHttpRequest();
    }
    else
    {    // code for IE6, IE5
        xmlhttp=new ActiveXObject("Microsoft.XMLHTTP");
    }
    xmlhttp.onreadystatechange=function()
```

```
    {
        if (xmlhttp.readyState==4 && xmlhttp.status==200)
    {
        document.getElementById("myDiv").innerHTML=xmlhttp.responseText;
    }
    }
    xmlhttp.open("GET","test1.txt",true);
    xmlhttp.send();
}
</script>
```

loadXMLDoc()函数根据浏览器的不同创建了 XMLHttpRequest 对象和 ActiveXObject 对象。文本内容的更新实际上是在 onreadystatechange 属性中,这个属性实现对文本数据的监听,一旦发现数据有变化,则执行 document. getElementById(''myDiv''). innerHTML = xmlhttp. responseText;语句更改 id 为 myDiv 标记 div 里面的文本。

可以通过 Chrome 开发者工具查看 Ajax 请求和响应过程。

首先,打开蓝桥云课讨论区,右击浏览器右上角"自定义及控制 Google Chrome"按钮,在弹出的快捷菜单中选择"更多工具"→"开发者工具"命令,单击"网络"选项卡并刷新,如图 3-20 所示。

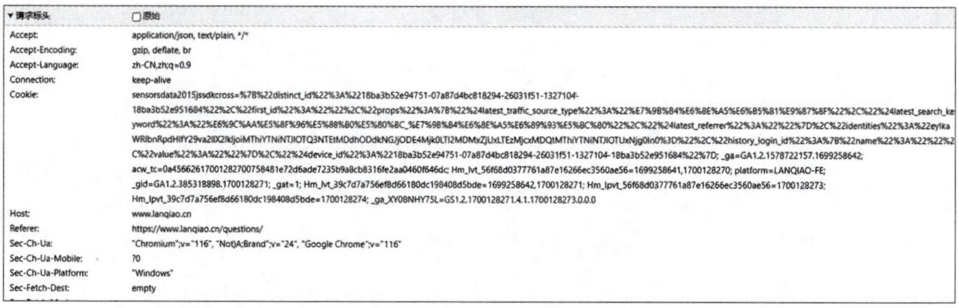

▼ 请求标头	☐ 原始
Accept:	application/json, text/plain, */*
Accept-Encoding:	gzip, deflate, br
Accept-Language:	zh-CN,zh;q=0.9
Connection:	keep-alive
Cookie:	sensorsdata2015jssdkcross=%7B%22distinct_id%22%3A%2218ba3b52e94751-07a87d4bc818294-26031f51-1327104-18ba3b52e951684%22%2C%22first_id%22%3A%22%22%2C%22props%22%3A%7B%22%24latest_traffic_source_type%22%3A%22%E7%9B%B4%E6%8E%A5%E6%B5%81%E9%87%8F%22%2C%22%24latest_search_keyword%22%3A%22%E6%9C%AA%E5%8F%96%E5%88%B0%E5%80%BC_%E7%9B%B4%E6%8E%A5%E6%89%93%E5%BC%80%22%2C%22%24latest_referrer%22%3A%22%22%7D%2C%22identities%22%3A%22eyIkaWRlbnRpdHlfY29va2llX2lkIjoiMThiYTNiNTJlOTQ3NTEtMDdhODdkNGJjODE4Mjk0LTI2MDMxZjUxLTEzMjcxMDQtMThiYTNiNTJlOTUxNjg0In0%3D%22%2C%22history_login_id%22%3A%7B%22name%22%3A%22%22%2C%22value%22%3A%22%22%7D%2C%22%24device_id%22%3A%2218ba3b52e94751-07a87d4bc818294-26031f51-1327104-18ba3b52e951684%22%7D; _ga=GA1.2.1578722157.1699258642; acw_tc=0a45662617001282700758481e72d6ade7235b9a8cb8316fe2aa0460f646dc; Hm_lvt_56f68d0377761a87e16266ec3560ae56=1699258641,1700128270; platform=LANQIAO-FE; _gid=GA1.2.385318898.1700128271; _gat=1; Hm_lvt_39c7d7a756ef8d66180dc198408d5bde=1699258642,1700128271; Hm_lpvt_56f68d0377761a87e16266ec3560ae56=1700128273; Hm_lpvt_39c7d7a756ef8d66180dc198408d5bde=1700128274; _ga_XY08NHY75L=GS1.2.1700128271.4.1.1700128273.0.0.0
Host:	www.lanqiao.cn
Referer:	https://www.lanqiao.cn/questions/
Sec-Ch-Ua:	"Chromium";v="116", "Not)A;Brand";v="24", "Google Chrome";v="116"
Sec-Ch-Ua-Mobile:	?0
Sec-Ch-Ua-Platform:	"Windows"
Sec-Fetch-Dest:	empty

图 3-20　查看 Ajax 请求

图 3-20 右侧可以观察到 Request Headers、URL 和 Response Headers 等信息。

单击"预览"选择项卡,即可看到响应的内容,它是 JSON 格式的。这里 Chrome 自动做了解析,单击箭头即可展开和收起相应内容,如图 3-21 所示。

切换到"响应"选项卡,可以观察到真实的返回数据,如图 3-22 所示。

因此,用户看到的蓝桥云课讨论区的真实数据并不是最原始页面返回的,而是后来执行 JavaScript 后再次向后台发送了 Ajax 请求,浏览器收到数据后再进一步渲染出来的。

前面已经选择的 XHR 其实就是过滤请求,将蓝桥云课讨论区页面往下拉,会进行加载,加载过程中,XHR 会不停出现新的页面,如图 3-23 所示。

随意打开一个链接,就可以清楚地看到其 Request URL、Request Headers、Response Headers、Response Body 等内容,此时想要模拟请求和提取就非常简单。

```
× 标头 载荷 预览 响应 启动器 时间 Cookie
▼ {count: 33019, page_size: 16, page: 1,…}
    count: 33019
    next: "https://www.lanqiao.cn/api/v2/questions/?page=2&sort=answered_time&topic_type=newest"
    page: 1
    page_size: 16
    previous: null
  ▼ results: [{id: 451233, title: "【11月25日19:00开赛】今年最后一场！！不分级挑战赛！！快来参加！！", views: 2093, answers_cou
    ▼ 0: {id: 451233, title: "【11月25日19:00开赛】今年最后一场！！不分级挑战赛！！快来参加！！", views: 2093, answers_count: 3
        answers_count: 30
      ▶ author: {id: 1748484, name: "蓝桥_小羽学姐", level: 4, member_type: "", question_count: 72, follower_count: 118,
        created_at: "2023-09-22T18:02:31+08:00"
        html_url: "/questions/451233/"
        id: 451233
        is_contain_vm: false
        is_selected: false
        is_toped: true
        lab: null
```

图 3-21 Ajax 响应内容

```
× 标头 载荷 预览 响应 启动器 时间 Cookie
1  {
-      "count": 33019,
-      "page_size": 16,
-      "page": 1,
-      "next": "https://www.lanqiao.cn/api/v2/questions/?page=2&sort=answered_time&topic_type=newest",
-      "previous": null,
-      "results": [
-          {
-              "id": 451233,
-              "title": "【11月25日19:00开赛】今年最后一场！！不分级挑战赛！！快来参加！！",
-              "views": 2093,
-              "answers_count": 30,
-              "author": {
-                  "id": 1748484,
-                  "name": "蓝桥_小羽学姐",
-                  "level": 4,
-                  "member_type": "",
-                  "question_count": 72,
```

图 3-22 返回的真实数据

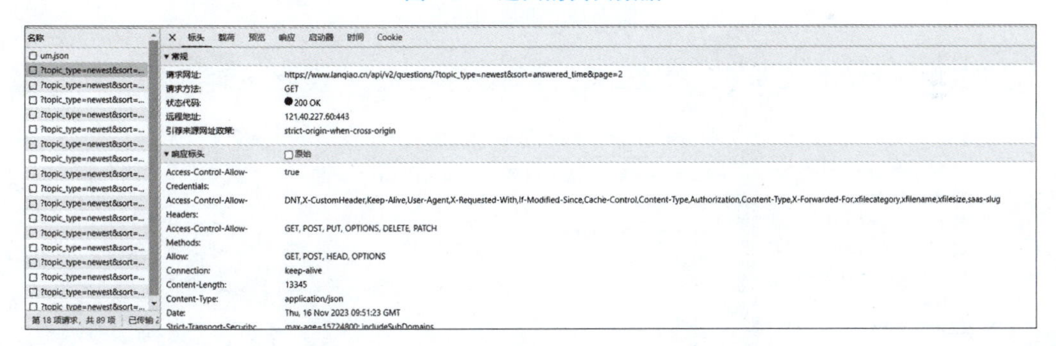

图 3-23 过滤请求

模拟 Ajax 请求提取数据

(二)模拟 Ajax 请求提取数据

以蓝桥云课讨论区为例，使用 Python 模拟 Ajax 请求来提取用户头像。在提取数据之前需要对请求和响应进行分析，了解请求和响应的过程和传递的数据，这样才能用程序来模拟 Ajax 的数据提取。

1. 分析请求数据

打开蓝桥云课讨论区，同时打开开发者工具，在“预览”选择项卡没有看到有关用户发帖的信息，只有发帖的类型信息；再切换到“响应”选择项卡，依旧没有发现用户发帖的相关信息，这表明这些帖子的信息是由页面向服务器发送 Ajax 请求产生的。打开 Ajax 的 XHR 过滤器，然后一直滑动页面以加载新的微博内容。可以看到，会不断有 Ajax 请求发出，如图 3-24、

图 3-25 所示。

```
名称                                      × 标头 预览 响应 启动器 时间 Cookie
?sentry_key=63d09b4f8f3af86...           ▼ [{id: 1, name: "学习", description: null, image_url: null,…},…]
current-activity/                          ▶ 0: {id: 1, name: "学习", description: null, image_url: null,…}
current-rules/                             ▶ 1: {id: 9, name: "求职", description: null, image_url: null,…}
?sentry_key=63d09b4f8f3af86...             ▶ 2: {id: 20, name: "竞赛", description: null, image_url: null,…}
?sentry_key=63d09b4f8f3af86...             ▶ 3: {id: 15, name: "生活", description: null, image_url: null,…}
basic/                                     ▶ 4: {id: 33, name: "轻实验", description: null, image_url: null,…}
recent-activities/
topics/
website_ads/
?topic_type=newest&sort=ans...
recommend/
```

图 3-24　预览的结果

```
名称                                      × 标头 预览 响应 启动器 时间 Cookie
?sentry_key=63d09b4f8f3af86...           1 [
current-activity/                              {
current-rules/                                     "id": 1,
?sentry_key=63d09b4f8f3af86...                     "name": "学习",
?sentry_key=63d09b4f8f3af86...                     "description": null,
basic/                                             "image_url": null,
recent-activities/                                 "sub_topics": [
topics/                                                {
website_ads/                                               "id": 2,
?topic_type=newest&sort=ans...                             "name": "课程问答",
recommend/                                                 "description": "这里是一些关于课程学习的问题，欢迎大家来回复，有实验豆奖励哦！",
collect?v=1&_v=j101&a=4402...                              "image_url": "https://dn-simplecloud.shiyanlou.com/questions/uid1373069-20200701-1593597829367",
collect?t=dc&aip=1&_r=3&v...                               "has_focused": false,
um.json                                                    "focused_count": 9575,
                                                           "allow_related": true
                                                       },
                                                       {
                                                           "id": 3,
                                                           "name": "学习讨论",
                                                           "description": "关于学习的交流",
                                                           "image_url": "https://dn-simplecloud.shiyanlou.com/questions/uid1373069-20200701-1593598846237",
                                                           "has_focused": false,
                                                           "focused_count": 15854,
                                                           "allow_related": true
```

图 3-25　响应的结果

选定其中一个请求，分析它的参数信息。单击该请求，进入“载荷”页面，如图 3-26 所示。

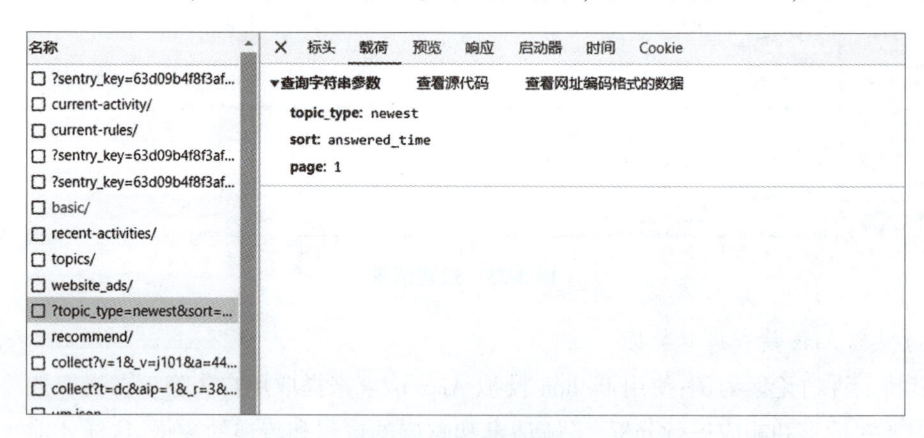

图 3-26　请求参数信息

可以发现，这是一个 GET 类型的请求，请求链接为：https://www.lanqiao.cn/api/v2/×××x/? topic_type=newest&sort=answered_time&page=1。它有 3 个请求参数，分别为 topic_type、sort 和 page。

2. 分析响应

切换到“响应”选项卡，可以看到里面的内容是 JSON 格式的，浏览器开发者工具已经自动做了相应的解析。为了更好地分析响应的数据,可以切换到“预览”选项卡,可以看到,其中最关键的信息字段 results 是一个列表,它包含 16 个元素,如图 3-27 所示。

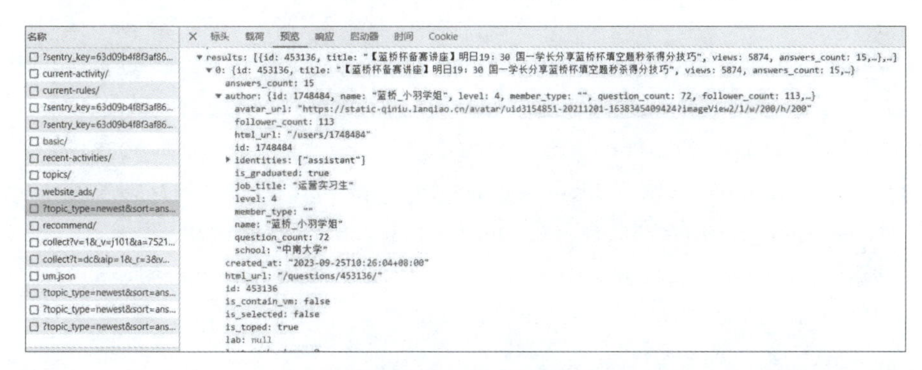

图 3-27　展开 results 的列表

results 中的每个元素用 0~9 中的数字表示,任意展开一个数字,例如 0,如图 3-28 所示。

图 3-28　展开后的情况

可以发现,这个元素有一个比较重要的字段 author。将其展开,可以发现它包含的正是发帖用户的一些信息,如 avatar_url(用户头像)、job_title(工作岗位)、name(用户名),school(所在学校)等,而且它们都是一些格式化的内容。

现在要将用户信息的用户头像提取并保存在本地磁盘里,就需要知道每张图片的 URL。在 author 中有一个字段 avatar_url,它包含了用户头像的 URL。只要获取这个 URL,就可以通过 Request 的 get()方法向服务器发起请求,然后将获得的头像保存即可。

3. 数据获取

获取图片的完整代码如下:

```
#程序 3.36
import requests
from urllib.parse import urlencode
import os
from hashlib import md5
headers={
  'referer': 'https://www.lanqiao.cn/questions/? topic_type=newest&pft=0',
  'cookie':
```

```
'Hm_lvt_56f68d0377761a87e16266ec3560ae56=1697164260,1697710582,1698108417,1698628494;
_ga = GA1. 2. 2088487716. 1698628497; Hm _lvt _39c7d7a756ef8d66180dc198408d5bde =
1697164263,1697710585,1698108420,1698628497; _c_WBKFRo=1g9p0WhrcmkE1O1aDRt0wWpVb
RrNQXovh2W3QjY0; lqtoken=6489a241ea73c80837699b886d111313;
sensorsdata2015jssdkcross=% 7B% 22distinct _id% 22% 3A% 222629364% 22% 2C% 22first _
id% 22% 3A% 2218b7e25e9f5405-0934f4b144c22-17525634-2073600-
18b7e25e9f6bd1% 22% 2C% 22props% 22% 3A% 7B% 22% 24latest _traffic _source _type% 22%
3A% 22% E7% 9B% B4% E6% 8E% A5% E6% B5% 81% E9% 87% 8F% 22% 2C% 22% 24latest _search _key-
word% 22% 3A% 22% E6% 9C% AA% E5% 8F% 96% E5% 88% B0% E5% 80% BC _% E7% 9B% B4% E6% 8E% A5%
E6% 89% 93% E5% BC% 80% 22% 2C% 22% 24latest _ referrer% 22% 3A% 22% 22% 7D% 2C%
22identities% 22% 3A% 22eyIkaWRlbnRpdHlfY29va2llX2lkIjoiMThiN2UyNWU5ZjU0MDUtMDkzN
GY0YjE0NGMyMi0xNzUyNTYzNC0yMDczNjAwLTE4YjdlMjVlOWY2YmQxIiwiJGlkZW50aXR5X2xvZ2lu
X2lkIjoiMjYyOTM2NCJ9% 22% 2C% 22history _login _id% 22% 3A% 7B% 22name% 22% 3A% 22%
24identity_login_id% 22% 2C% 22value% 22% 3A% 222629364% 22% 7D% 2C% 22% 24device_id%
22% 3A% 2218b7e25e9f5405-0934f4b144c22-17525634-2073600-18b7e25e9f6bd1%22%7D; _gid = GA
1.2.2086719215.1698747237; platform=LANQIAO-FE; acw_tc=0a09668a16988174715586869
ec0a9958c67f8711329be81a9bc0dd960ce78;Hm_lpvt_56f68d0377761a87e16266ec3560ae56=
1698818090; Hm_lpvt_39c7d7a756ef8d66180dc198408d5bde=1698818092;',
        'user-agent': 'Mozilla/5.0 (Windows NT 10.0; WOW64) AppleWebKit/537.36 (KHTML,
like Gecko) Chrome/88.0.4324.190 Safari/537.36'
    }
    def get_json():
        params={
            'topic_type': 'newest',
            'sort': 'answered_time',
            'page': '2'
        }
        url='https://www.lanqiao.cn/api/v2/questions/? '+urlencode(params)
        try:
            res=requests.get(url, headers=headers)
            if res.status_code == 200:
                print(res.json())
                return res.json()
        except requests.ConnectionError as e:
            print('Error', e.args)
    def parse_json(json):
        if json:
            items=json.get('results')
            for item in items:
```

```
        pic_url=item.get('author').get('avatar_url')
        save_img(pic_url)
def save_img(url):
    path='../result/img'
    if not os.path.exists(path):
        os.mkdir(path)
    if not url:
        return
    try:
        res=requests.get(url)
        if res.status_code==200:
            filename='{0}.{1}'.format(md5(res.content).hexdigest(), 'jpg')
            filepath=path + '/' + filename
            print(filepath)
            if not os.path.exists(filepath):
                with open(filepath, 'wb') as f:
                    f.write(res.content)
            else:
                print('file is already exists')
    except requests.ConnectionError:
        print("save file error")
if __name__=='__main__':
    json=get_json()
    parse_json(json)
```

get_json()函数用于获取服务器响应的JSON数据,这里使用了headers和请求参数,这些数据均可以从开发者工具中获得。为了避免每次登录微博都需要传递用户信息,这里直接传递了Cookie。服务器正确响应后就得到了响应的JSON格式数据,接着就可以在JSON格式数据中获取图片的URL信息。parse_json()函数完成了这项工作,从中提取了图片的URL。接下来就由save_img()函数完成图片的爬取和保存工作。使用request.get()方法获取每一张图片,为了使图片文件名不重复,这里使用了hashlib库的MD5产生图片文件名,运行结果如图3-29所示。

名称	日期	类型	大小	标记
128a089a63a6d5769657b4fcd1172198.jpg	2023/11/1 15:29	JPG 图片文件	9 KB	
356a2ee46c883dc70e839455391df831.jpg	2023/11/1 15:29	JPG 图片文件	5 KB	
478ee3919acd1e770fb1fc5e7ec72551.jpg	2023/11/1 15:29	JPG 图片文件	1 KB	
7341c9881b1715728e233043eeb68ef1.jpg	2023/11/1 15:29	JPG 图片文件	1 KB	
ce44272ecef0929de6aff595b4525052.jpg	2023/11/1 15:29	JPG 图片文件	11 KB	
f6c74836795609a6dc62fce9cf258f3d.jpg	2023/11/1 15:29	JPG 图片文件	2 KB	
fbe44528984aded5b8a157a250709bd6.jpg	2023/11/1 15:29	JPG 图片文件	10 KB	

图3-29　保存爬取的图片

任务小结

本任务主要介绍了解析库的使用,包括 XPATH、BeautifulSoup、PyQuery。这三个库是解析数据常用的,请读者务必掌握。最后给了一个简单的微博数据获取的例子,例子中融入了以上三个数据解析库的应用。

任务三　使用存储库

任务描述

前面介绍了请求库和解析库的使用,知道了如何向服务器发送请求以及如何解析服务器的响应数据。在本任务中将要学习如何将获取的数据存储在文件或数据库中,考虑到获取的数据并不一定是结构化数据,因此在选择存储时不仅要考虑传统的文件和关系型数据库,也要考虑到 NoSQL 数据库。另外,也应该考虑到数据的存储格式。

任务目标

微课

使用文件存储数据

- 掌握不同格式(文本、CSVJson 等)的文件存储方法。
- 掌握关系型数据库存储方法。
- 掌握非关系型数据库存储方法。

任务实施

一、文件存储

文件存储是传统的数据存储方式之一。在数据库产生之前,数据主要以文本文件或二进制文件的格式进行存储。除了传统的文本格式和二进制格式外,还有 CSV、JSON 格式。但传统的文件存储存在缺陷,如容易造成数据不一致、程序和文件依赖性强等缺点,不过文件存储仍然是数据存储方式之一。下面分别介绍文本文件存储、CSV 格式存储和 JSON 格式存储。

(一)文本文件存储

以程序 3.37 为例,这个程序已经获取了某本教材的章节信息,现在将其存储在文本文件中。代码如下:

```
#程序 3.37
import requests
import re
headers={
    'User-Agent': 'Mozilla/5.0 (Macintosh; Intel Mac OS X 10_12_3) AppleWebKit/537.36
    (KHTML, like Gecko)"Chrome/88.0.4324.150 Safari/537.36',
```

```
    'Host':'jw.cqjtu.edu.cn'
}
r=requests.get("http://dblab.xmu.edu.cn/post/5663/")
results=re.findall(r'<td.* ? >(大数据.* ?)</td>',r.text,re.S)
with open('chapter.txt','w') as f:
for result in results:
    f.write(result.replace('\xa0','\n'))
```

程序运行结果如图 3-30 所示。

```
大数据技术原理与应用（第2版） 第二章 大数据处理架构Hadoop  学习指南
大数据技术原理与应用（第2版） 第三章 分布式文件系统HDFS  学习指南
大数据技术原理与应用（第2版） 第四章 分布式数据库HBase  学习指南
大数据技术原理与应用（第2版） 第五章 NoSQL数据库
大数据技术原理与应用（第2版） 第六章 云数据库 学习指南
大数据技术原理与应用（第2版） 第七章 MapReduce  学习指南
大数据技术原理与应用（第2版） 第九章 Spark  学习指南
```

图 3-30　程序运行结果

Python 文本文件的读/写在任何 Python 程序设计的书中都会详细讲述,这里不再对文本读/写的细节进行介绍。

(二)CSV 格式存储

CSV(comma-separated values,逗号分隔值)文件以纯文本形式存储数据(数字和文本)。CSV 文件由记录组成,记录之间以某种换行符分隔;每条记录由字段组成,字段间由逗号作为分隔符。通常,所有记录的字段序列都相同,因此也可以看成是一个数据库文件。CSV 文件示例如图 3-31 所示。

A	B	C	D	E	F	G	H
姓名	性别	籍贯	系别	报到日期	报到时间	所在学校	学校所在地
张迪	男	重庆	计算机系	2019/9/1	14:50:00	重庆大学	重庆
兰博	男	江苏	通信工程系	2020/9/2	15:00:00	上海交通大	上海
黄飞	男	四川	物联网系	2018/9/2	13:45:00	西安交通大	西安
邓玉春	女	陕西	计算机系	2019/9/4	16:02:00	北京大学	北京

图 3-31　CSV 文件示例

由于 CSV 文件是文本文件,因此使用高级语言的文件读取函数就可以读取 CSV 文件中的数据,只需要在程序中处理一下分隔符。以 Python 为例,利用 Python 提供的 I/O 读取 CSV,代码如下:

```
#程序 3.38
birth_data=[]
with open(birth_weight_file) as csvfile:
```

```
csv_reader=csv.reader(csvfile) #使用 csv.reader 读取 csvfile 中的文 birth_header
next(csv_reader)  #读取第一行每一列的标题
for row in csv_reader:
birth_data.append(row)
birth_data=[[float(x) for x in row]
for row in birth_data]   # 将数据从 string 形式转换为 float 形式
birth_data=np.array(birth_data) #将 list 数组转化成 array 数组便于查看数据结构
birth_header=np.array(birth_header)
print(birth_data.shape)   #利用.shape 查看结构
print(birth_header.shape) birth_data=[]
with open(birth_weight_file) as csvfile:
csv_reader=csv.reader(csvfile)  #使用 csv.reader 读取 csvfile 中的文件
birth_header=next(csv_reader)  #读取第一行每一列的标题
for row in csv_reader:  #将 csv 文件中的数据保存到 birth_data 中
birth_data.append(row)
birth_data=[[float(x) for x in row] for row in birth_data]  #将数据从 string 形式转换
为 float 形式
birth_data=np.array(birth_data)  # 将 list 数组转化成 array 数组便于查看数据结构
birth_header=np.array(birth_header)
print(birth_data.shape)  #利用.shape 查看结构
print(birth_header.shape)
```

(三)JSON 格式存储

JSON(JavaScript object notation)是一种轻量级的数据交换格式,它是基于 JavaScript (Standard ECMA-262 3rd Edition-December 1999)的一个子集。JSON 采用完全独立于语言的文本格式,但是也使用了类似于 C 语言家族的习惯(包括 C、C++、C#、Java、JavaScript、Perl、Python 等)。这些特性使 JSON 成为理想的数据交换格式,易于阅读和编写,同时也易于机器解析和生成。这里介绍 Python 读取 JSON 格式的文件。假定有如下 JSON 格式的文件,文件名称为 font. json。

```
#font.json
{
    "fontFamily": "宋体",
    "fontSize": 16,
    "BaseSettings":{
        "font":4,
        "size":3
    }
}
```

读取 JSON 文件的代码如下：

```
#程序 3.39
import json
def loadFont():
    f=open("font.json", encoding='utf-8')  #设置以 utf-8 解码模式读取文件
    setting=json.load(f)
    family=setting['BaseSettings']['size']
    size=setting['fontSize']
    return family
t=loadFont()
print(t)
```

二、存储到 MySQL

微课

将爬取到的数据存储到 MySQL

文件存储是数据存储最基本的存储方式。对于结构化数据，可以存储在关系数据库中。Python 语言提供了针对关系数据库操作的库，如 MySQL、Oracle、SQL Server 等。访问不同的关系数据库需要导入不同的 Python 库，如访问 MySQL 需要 Pymysql，访问 Oracle 需要 cx_Oracle，访问 SQL Server 需要 Pymssql 库等。这里以 MySQL 为例，介绍通过 Python 将爬取的数据存储到 MySQL 以及对 MySQL 数据库的访问方法。

首先必须安装 MySQL 数据库，其安装方法在前面已经介绍。这里给出一个案例来演示如何对 MySQL 数据库进行操作。

下面将数据集导入 MySQL 数据库，然后对其中的数据进行处理。

首先登录 MySQL 数据库，这里以 root 身份登录，并输入事先设置的密码，如图 3-32 所示。

```
C:\Users\Administrator>mysql -u root -p
Enter password: ******
Welcome to the MySQL monitor.  Commands end with ; or \g.
Your MySQL connection id is 1 to server version: 5.0.22-community-nt

Type 'help;' or '\h' for help. Type '\c' to clear the buffer.

mysql>
```

图 3-32　登录 MySQL

然后，可以使用 source 命令将数据导入 MySQL。

```
mysql>source d:/ enron-mysqldum_v5.sql
```

导入成功后，用 use databases 命令可以看到 enron 数据库，如图 3-33 所示。

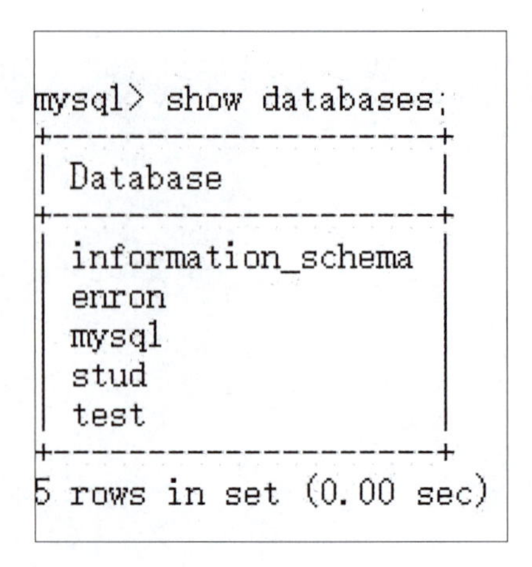

图 3-33　导入后的 enron 数据库

接下来可以对数据进行读取、查询、写入、统计等操作。例如,可以将数据表导出为 Excel 表格,也可以统计每一天的邮件发送量,将结果导出到 Excel 表格。具体实现代码如下:

```
#程序 3.40
import pymysql
import xlwt
import matplotlib.pyplot as plt
plt.rcParams['font.sans-serif']=['Arial Unicode MS']
#连接 database
enron_database="enron"
pass_word="123456"
database=pymysql.connect(host="localhost",
user="root",password=pass_word,database=enron_database,charset="utf8")
#利用编程导出安然数据库相关数据函数定义
def out_enrondata(database):
#得到一个可以执行 SQL 语句的光标对象
cursor=database.cursor()
#定义要执行的 SQL 语句
sql="SELECT *  FROM employeelist"
#执行 SQL 语句
cursor.execute(sql)
result=cursor.fetchall()
#移动指针到某一行。如果 mode='relative',则表示从当前所在行移动 value 条. 如果 mode=
'absolute',则表示从结果集的第一 行移动 value 条
cursor.scroll(0, mode='absolute')
#cursor.description 获取表格的字段信息
fields=cursor.description
#print(fields)
cursor.close()
```

```
#将查询结果写入到 excel
workbook = xlwt.Workbook()
#创建一个新的 sheet,其中的 sheet1 是这张表的名字,cell_overwrite_ok 表示是否可以覆盖单元格,其实是 Worksheet 实例化的一个参数,默认值是 False
sheet=workbook.add_sheet('sheet1', cell_overwrite_ok=True)
#将表的字段名写入 Excel
for field in range(len(fields)):
sheet.write(0, field, fields[field][0])#其中的'0-行, 0-列'指定表中的单元,'fields[field]
                                        [0]'是向该单元写入的内容
#结果写入 excle
for row in range(1, len(result) + 1):
for col in range(len(fields)):
sheet.write(row, col, result[row - 1][col])
#Excel 保存为文件
workbook.save(r'./employeelist.xls')
#统计每一天的邮件发送量并可视化
def statistics_Mail(databse):
cursor = database.cursor()
#定义要执行的 SQL 语句
sql = '''select date(date) as date_sent, count(mid) as num_message from message \
where year(date) between 1998 and 2002 group by date_sent order by date_sent'''
#执行 SQL 语句
cursor.execute(sql)
result=cursor.fetchall()
#移动指针到某一行,如果 mode='relative',则表示从当前所在行移动 value 条,如果 mode='absolute',则表示从结果集的第一 行移动 value 条
cursor.scroll(0, mode='absolute')
#cursor.description 获取表格的字段信息
fields=cursor.description
cursor.close()
#将日邮件发送量查询结果写入到 Excel
workbook=xlwt.Workbook()
sheet=workbook.add_sheet('sheet1', cell_overwrite_ok=True)
for field in range(len(fields)):
sheet.write(0, field, fields[field][0])
for row in range(1, len(result) + 1):
for col in [0]:
dateFormat=xlwt.XFStyle()
dateFormat.num_format_str = 'yyyy/mm/dd'
sheet.write(row, col, result[row - 1][col],dateFormat)
for col in range(1,len(fields)):
sheet.write(row, col, result[row - 1][col])
```

```
workbook.save(r'./日邮件发送量.xls')
x=[]
y=[]
#绘制 2000—2002 每一天的邮件发送量图
for i in range(len(result)):
if result[i][0].isocalendar()[0] in [2000,2001,2002]:
x.append(result[i][0])
y.append(result[i][1])
plt.xlabel("日期")
plt.ylabel("邮件数")
plt.title("2000-2002 的日邮件发送量")
plt.plot(x,y)
plt.show()
#导出数据库数据
out_enrondata(database)
#统计每天邮件数并可视化
statistics_Mail(database)
#关闭数据库连接
database.close()
```

这里介绍一些关键步骤。首先要连接数据库,其代码如下:

```
database=pymysql.connect(host="localhost", user="root",password=pass_word,da-
tabase=enron_database,charset="utf8")
```

这里的 connect()方法用于连接数据库,它以服务器名、用户名、密码和字符集作为参数。其次,数据库连接成功后,定义了 out_enrondata(database)函数。在这个函数里定义了游标对象 cursor,通过它可以执行具体的 SQL 语句,例如 SELECT * FROM employeelist。执行完毕后就可以通过 fetchall()方法获取查询的数据。最后通过 xlwt 库将数据写入 Excel 文件中。代码的具体含义在语句的注释中给出,读者可以参考。程序运行结果如图 3-34 所示。

1	eid	firstName	lastName	Email_id	Email2	Email3	EMail4	folder	status
2	13	Marie	Heard	marie.heard@enron.com				heard-m	
3	6	Mark	Taylor	mark.e.tayl	mark.taylor	e.taylor@enron.com		taylor-m	Employee
4	19	Lindy	Donoho	lindy.donol	ldonoho@enron.com			donoho-l	Employee
5	115	Lisa	Gang	lisa.gang@enron.com				gang-l	N/A
6	129	Jeffrey	Skilling	jeff.skilling(	jeffrey.skilling@enron.com			skilling-j	CEO
7	18	Lynn	Blair	lynn.blair@	lynnblair@enron.com			blair-l	Director
8	33	Kim	Ward	kim.ward@	kward@enron.com			ward-k	N/A
9	149	Kate	Symes	kate.symes	ksymes@enron.com			symes-k	Employee
10	52	Kay	Mann	kay.mann@enron.com				mann-k	Employee
11	21	Keith	Holst	keith.holst(	kholst@enron.com			holst-k	Director
12	127	Kenneth	Lay	kenneth.la	kenneth_lay@enron.com			lay-k	CEO
13	2	Kevin	Hyatt	kevin.hyatt	kevin_hyat	khyatt@enron.com		hyatt-k	Director
14	22	Joe	Quenet	joe.quenet	jquenet@enron.com			quenet-j	Trader
15	107	Louise	Kitchen	louise.kitch	lkitchen@enron.com			kitchen-l	President
16	92	Kevin	Presto	kevin.m.pr	m..presto@	kevin.presto@enron.c		presto-k	Vice President
17	150	Liz	Taylor	liz.taylor@	liz.m.taylor	m..taylor@enron.com		whalley-l	N/A
18	20	Kimberly	Watson	kimberly.watson@enron.com				watson-k	N/A
19	43	Larry	Campbell	larry.f.cam	larry.campl	f..campbell@enron.co		campbell-l	Employee
20	102	Larry	May	larry.may@enron.com				may-l	Director
21	35	Joe	Stepenovit	joe.stepen	joe_stepenovitch@enron.com			stepenovit	Vice President

图 3-34 从 MySQL 数据库中读取的数据

三、存储到非关系型数据库

微课

将爬取到的数据存储到MongoDB

(一)NoSQL 数据库与 MongoDB

从网络获取的数据除了结构化数据之外,还有非结构化和半结构化数据。这些数据不太适合存储到关系型数据库中。因此,出现了以 MongoDB 为代表的 NoSQL 数据库。所谓 NoSQL 数据库,其官方定义为:主体符合非关系型、分布式、开放源码和具有横向扩展能力的下一代数据库。NoSQL 数据库具有非结构化、分布式、易扩展、高性能以及海量存储等优点,因此在大数据背景下得到广泛应用。

MongoDB 作为面向文档的 NoSQL 数据库,可以用于存储文档类型的数据,如 XML、JSON 等。MongoDB 的数据存储单位是文档,相当于关系型数据库的一条记录。一个文档有若干个键-值对。MongoDB 的文档结构如图 3-35 所示。

```
{
    name: "O'Reilly Media",
    founded: 1980,
    location: "CA",
    books: [123456789, 234567890, …]
}
{
    _id: 123456789,
    title: "MongoDE: The Definitive Guide",
    author: ["Kristina Chodorow", "Mike Dirolf"],
    published_date: ISODate("2010-09-24"),
    pages: 216,
    language: "English"
}
```

图 3-35　MongoDB 的文档结构

(二)连接 MongoDB 数据库

使用 Python 访问 MongoDB 数据库,需要导入 Pymongo 驱动的 MongoClient 模块。在项目二的任务四中已经介绍了 Pymongo 库的安装。安装成功后就可以在 Python 程序中导入 MongoClient 模块,代码如下:

```
from pymongo import MongoClient
```

接着使用 MongoClient 连接数据库,代码如下:

```
client=MongoClient(host='localhost',port=27017)
```

MongoClient 需要传递两个参数,一个是服务器名,如果在本地可以使用 localhost;另一个是端口号,MongoDB 的端口号为 27017。

(三)数据存储

连接 MongoDB 成功后,为了存储爬取的数据,首先需要建立数据库。Pymongo 创建数据库

很简单,代码如下:

```
db=client['my_database']
```

或者

```
db=client.my_database
```

如果 my_database 不存在,MongoDB 会自动创建。可以在命令行中使用 show dbs 查看刚创建的 my_database,如图 3-36 所示。

```
> show dbs
MySchool  0.000GB
admin     0.000GB
config    0.000GB
local     0.000GB
school    0.000GB
```

图 3-36　查看 MongoDB 的数据库

可以发现,查看结果并没有所创建的数据库,但只要向 my_database 插入一条数据就可以看见,如图 3-37 所示。

```
> db.my_database.insert({"name":"my_database"})
WriteResult({ "nInserted" : 1 })
> show dbs
MySchool     0.000GB
admin        0.000GB
config       0.000GB
local        0.000GB
my_database  0.000GB
school       0.000GB
```

图 3-37　插入数据后可以看见创建的数据库

接着为 my_database 创建集合(Collection)。Collection 相当于关系型数据库的表,代码如下:

```
collection=db['data']
```

这里,在 my_database 数据库中创建一个名为 data 的 collection,也就是 data 表,同样在插入了数据后就可以在命令行中看到,如图 3-38 所示。

```
> show collections
data
my_database
```

图 3-38　查看创建的 Collection

下面将爬取的数据存储到 MongoDB 中,这里采用前面爬取蓝桥云课讨论区中帖子数据的程序 3.36,对其加以修改。这里爬取帖子中作者用户名、作者头像、帖子标题、帖子回复数和帖子浏览数。这些信息在开发者模式中均可以看到,如图 3-39 所示。

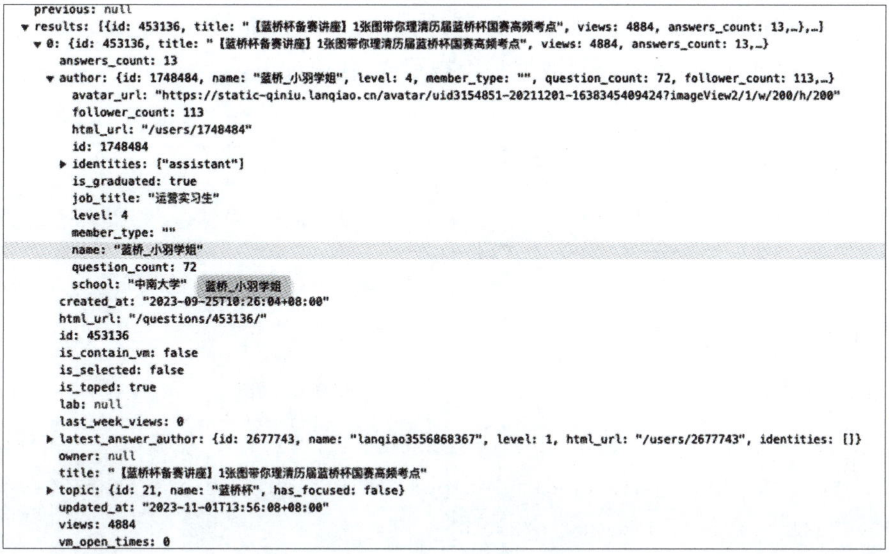

```
previous: null
▼ results: [{id: 453136, title: "【蓝桥杯备赛讲座】1张图带你理清历届蓝桥杯国赛高频考点", views: 4884, answers_count: 13,…},…]
  ▼ 0: {id: 453136, title: "【蓝桥杯备赛讲座】1张图带你理清历届蓝桥杯国赛高频考点", views: 4884, answers_count: 13,…}
      answers_count: 13
    ▼ author: {id: 1748484, name: "蓝桥_小羽学姐", level: 4, member_type: "", question_count: 72, follower_count: 113,…}
        avatar_url: "https://static-qiniu.lanqiao.cn/avatar/uid3154851-20211201-1638345409424?imageView2/1/w/200/h/200"
        follower_count: 113
        html_url: "/users/1748484"
        id: 1748484
      ▶ identities: ["assistant"]
        is_graduated: true
        job_title: "运营实习生"
        level: 4
        member_type: ""
        name: "蓝桥_小羽学姐"
        question_count: 72
        school: "中南大学"   蓝桥_小羽学姐
      created_at: "2023-09-25T10:26:04+08:00"
      html_url: "/questions/453136/"
      id: 453136
      is_contain_vm: false
      is_selected: false
      is_toped: true
      lab: null
      last_week_views: 0
    ▶ latest_answer_author: {id: 2677743, name: "lanqiao3556868367", level: 1, html_url: "/users/2677743", identities: []}
      owner: null
      title: "【蓝桥杯备赛讲座】1张图带你理清历届蓝桥杯国赛高频考点"
    ▶ topic: {id: 21, name: "蓝桥杯", has_focused: false}
      updated_at: "2023-11-01T13:56:08+08:00"
      views: 4884
      vm_open_times: 0
```


图 3-39　开发者模式显示的信息

帖子标题、帖子回复数、帖子浏览数、作者用户名和作者头像分别对应 title、answers_count、views 以及 author 下面的 name 和 avatar_url。因此只需要在程序 3.36 的基础上加以修改就可以获取上述数据,代码如下:

```
#程序 3.41
def get_data(json):
    d=dict()
    if json:
        item=json.get('result')[2]
        d['title']=item.get('title')
        d['answers_count']=item.get('answers_count')
        d['views']=item.get('views')
        d['name']=item.get('author').get('name')
        d['avatar_url']=item.get('author').get('avatar_url')
    return d
```

这里只获取一条帖子的信息,首先定义一个空的字典 d,然后分别获取 title、answers_count、views 以及 author 下面的 name 和 avatar_url 的数据,并将其分别赋予字典 d。

前面创建了数据库 my_database 以及数据库里面的集合 data,现在将爬取的数据存储在 data 中,代码如下:

```
#程序 3.42
def store_data(dic):
  if dict:
```

```
    collection.insert_one(dic)
```

这里首先判断字典是否为空。如果不为空,则调用 collection 的 insert_one()方法将数据写入 data 中。可以通过 find()方法查看数据是否被写入,代码如下:

```
#程序 3.43
def query_data():
  result=collection.find({
      'title':'每日一题——蓝桥杯夺奖冲刺'
  })
print(result)
```

程序运行结果如下:

```
{'name': '实小楼', 'views': 17319, 'answers_count': 42, 'title': '每日一题——蓝桥杯夺奖冲刺
', 'avatar _ url': 'https://dn-simplecloud. shiyanlou. com/gravatar8504. png? v =
1536575396674&imageView2/1/w/200/h/200'}
```

这样就将数据写入了 MongoDB,完整的代码如下:

```
# 程序 3.44
from pymongo import MongoClient
import requests
from urllib.parse import urlencode
# 连接数据库
client = MongoClient(host='localhost', port=27017)
# 创建数据库
db = client['my_database']
print(db)
# 创建集合
collection=db['data']
print(collection)
# 爬取蓝桥云课讨论区帖子数据
headers={
    'referer': 'https://www.lanqiao.cn/questions/? topic_type=newest&pft=0',
    'cookie':
'Hm _ lvt _ 56f68d0377761a87e16266ec3560ae56 = 1697164260, 1697710582, 1698108417,
1698628494; _ga=GA1.2.2088487716.1698628497;
Hm _ lvt _ 39c7d7a756ef8d66180dc198408d5bde = 1697164263, 1697710585, 1698108420,
1698628497; _c_WBKFRo=1g9p0WhrcmkE1O1aDRt0wWpVbRrNQXovh2W3QjY0;
lqtoken=6489a241ea73c80837699b886d111313;
sensorsdata2015jssdkcross=% 7B% 22distinct _id% 22% 3A% 222629364% 22% 2C% 22first _
id%22%3A%2218b7e25e9f5405-0934f4b144c22-17525634-2073600-18b7e25e9f6bd1%22%2C%
```

```
22props%22%3A%7B%22%24latest_traffic_source_type%22%3A%22%E7%9B%B4%E6%8E%
A5%E6%B5%81%E9%87%8F%22%2C%22%24latest_search_keyword%22%3A%22%E6%9C%AA%
E5%8F%96%E5%88%B0%E5%80%BC_%E7%9B%B4%E6%8E%A5%E6%89%93%E5%BC%80%
22%2C%22%24latest_referrer%22%3A%22%22%7D%2C%22identities%22%3A%
22eyIkaWRlbnRpdHlfY29va2llX2lkIjoiMThiN2UyNWU5ZjU0MDUtMDkzNGY0YjE0NGMyMi0xNzUyNT
YzNC0yMDczNjAwLTE4YjdlMjVlOWY2YmQxIiwiJGlkZW50aXR5X2xvZ2luX2lkIjoiMjYyOTM2NCJ9%
22%2C%22history_login_id%22%3A%7B%22name%22%3A%22%24identity_login_id%22%
2C%22value%22%3A%222629364%22%7D%2C%22%24device_id%22%3A%2218b7e25e9f5405-
0934f4b144c22-17525634-2073600-18b7e25e9f6bd1%22%7D; _gid = GA1.2.2086719215.
1698747237; platform = LANQIAO-FE; acw_tc = 0a09668a16988174715586869ec0a9958c67
f8711329be81a9bc0dd960ce78; Hm_lpvt_56f68d0377761a87e16266ec3560ae56 = 1698818090;
Hm_lpvt_39c7d7a756ef8d66180dc198408d5bde=1698818092;',
        'user-agent': 'Mozilla/5.0 (Windows NT 10.0; WOW64) AppleWebKit/537.36 (KHTML,
like Gecko) Chrome/88.0.4324.190 Safari/537.36'
    }
    def get_json():
        params={
            'topic_type': 'newest',
            'sort': 'answered_time',
            'page': '2'
        }
        url='https://www.lanqiao.cn/api/v2/questions/?'+urlencode(params)
        try:
            res=requests.get(url, headers=headers)
            if res.status_code==200:
                print(res.json())
            return res.json()
        except requests.ConnectionError as e:
            print('Error', e.args)
    def get_data(json):
        d=dict()
        if json:
            item=json.get('result')[2]
            d['title']=item.get('title')
            d['answers_count']=item.get('answers_count')
            d['views']=item.get('views')
            d['name']=item.get('author').get('name')
            d['avatar_url']=item.get('author').get('avatar_url')
        return d
    # 存储数据
```

```
def store_data(dic):
    if dic:
        collection.insert_one(dic)
# 查询数据
def query_data():
    result=collection.find({
        'page_title':'每日一题——蓝桥杯夺奖冲刺'
    })
    print(result)
# 主程序
if __name__ == '__main__':
    json=get_json()
    dic=get_data(json)
    store_data(dic)
    query_data()
```

任务小结

本任务以文本文件、MySQL 数据库和 MongoDB 为例，介绍了数据以不同的形式存储到磁盘中。文本文件是传统的数据存储方式，早在数据库出现之前，数据就以文件形式存储，而 MySQL 代表了关系数据库的存储方式。最后 MongoDB 则是非关系型数据库，即 NoSQL 数据的存储方式。读者可以对这三种不同的数据存储方式进行比较。

思考与练习

一、选择题

1. 有关 urllib. request. Request (url, data = None, headers = { }, origin_req_host = None, unverifiable = False, method = None) ，其中参数 method 可以是以下（　　）请求方法。

A. GET　　B. POSTC. PUSH

D. PUT

2. 以下关于 re. findall('<td. *? >(大数据. *?)</td>', r. text, re. S) 的说法正确项有（　　）。

A. 第一个参数是正则表达式模式

B. 第二个参数是获取的页面数据

C. 第三个参数是修饰符，Re. S 表示匹配包括换行符在内的所有字符

D. 该方法最多只能返回一条数据

3. 下列关于 XPATH 实例说法，正确有（　　）。

A. xpath('bookstore') 选取 bookstore 元素的所有子结点

B. xpath('/bookstore') 选取根元素 bookstore

C. xpath('//book')选取所有 book 子元素,而不管它们在文档中的位置

D. xpath('bookstore/book')选取属于 bookstore 子元素的所有 book 元素

4. 常用的 CSS 选择器方法有(　　)。

A. find( )　　B. children( ) C. parent( )　　D. siblings( )

5. 以下关于 NoSQL 说法正确的有(　　)。

A. MongoDb 是 NoSQL 数据库

B. NoSQL 数据库主体符合非关系型、分布式、开放源码和具有横向扩展能力特点

C. NoSQL 是 not only SQL 的缩写,意为不仅仅是 SQL

D. NoSQL 数据库具有可扩展,高性能以及海量存储优点

二、填空题

1. urllib 发送请求的命令是____________。

2. 如请求中需要加入 headers 等信息,则需要____________类来实现。

3. header 请求头中 method 常用的方法有____________和____________等。

4. 解析连接可以用____________中的方法来实现。

5. DOM 视 HTML 为____________结构。

三、简答题

1. 数据解析库包含哪些?

2. 什么是 SSL?

3. 请求头中 GET 和 POST 的区别是什么?

4. 什么是正则表达式? 它的作用是什么?

5. 如何爬取非文本数据?

6. 什么是 XPATH? 如何使用 XPATH?

7. CSS 中 id 和 class 的用法是什么?

8. 什么是 Ajax? 它的作用是什么?

9. 数据存储有哪些方式?

10. 文件存储、关系型数据和非关系型数据库各适用于什么场合?

实践篇

引言

本篇将学习图像识别技术、Scrapy 框架的使用、大数据采集工具。对于图像识别技术，由于涉及比较复杂的图像处理与识别，这里仅作简单介绍；对于 Scrapy 框架，读者需要理解其概念、工作原理，并熟悉具体项目的实际操作；对于大数据采集工具学习，主要包括 DataX、Kafka 采集工具。有了这些技术的储备，可为完成一个比较复杂的数据获取项目打下扎实的基础。

学习目标

- 了解图像识别的方法。
- 了解 Scrapy 的基本概念。
- 理解 Scrapy 的工作原理。
- 掌握 Scrapy 的基本编程方法。
- 理解 DataX 和 Kafka 的作用与工作原理。
- 掌握 DataX 和 Kafka 数据同步和实时采集的方法。

知识体系

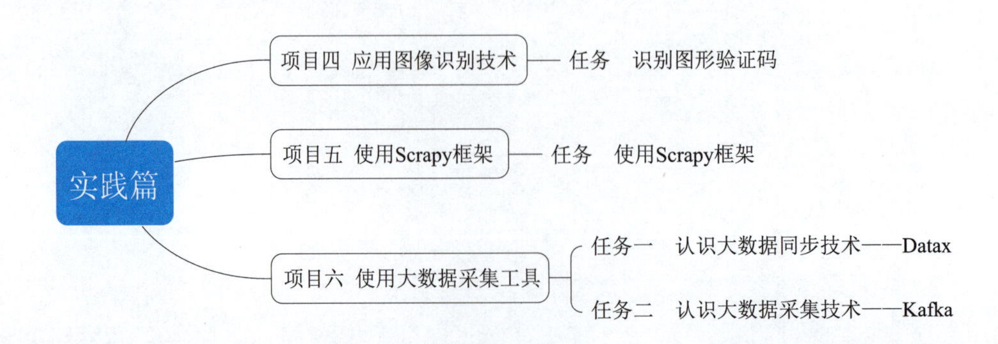

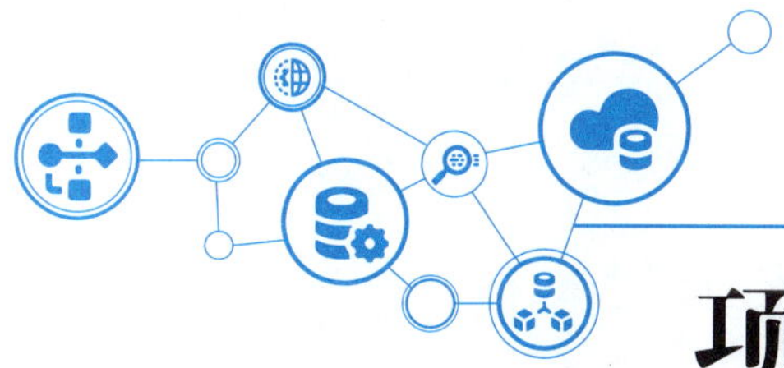

项目四 应用图像识别技术

任务 识别图形验证码

任务描述

在项目一中提到过，目前许多网站都具有一定的反爬虫措施，验证码就是其中的一种。在用户登录网站的过程中，除了要输入正确的用户名和密码外，还要输入网站给出的验证码。验证码的种类有图形验证码、滑动验证码、点触验证码以及宫格验证码等。本任务将完成最简单的图形验证码的识别。

任务目标

- 识记图形验证码的识别方法。
- 应用 Tesseract-OCR 库的安装与使用。
- 应用 Pillow 库和 Pytesseract 库的使用。

微课

图形验证码与 Tesserocr 安装

任务实施

一、图形验证码与相关识别库

图形验证码是比较简单的识别码，它经常出现在对数据安全性要求不算太高的网站中。在这些网站中，除了要求输入用户名和密码外，网站通常还会随机自动生成 4 位数字或字母的验证码，只有用户手动输入了正确验证码后才能成功登录。图 4-1 所示为一个图形验证码的例子。

对于这样的验证码，如果使用爬虫程序进行登录，关键在于对验证码的识别，这里需要用到图形处理中的图像识别技术。关于图像识别技术是一门相当复杂的技术，但作为应用，读者并不需要了解图像识别技术的具体工作原理,因为会有相关的图像识别库供开发者使用。

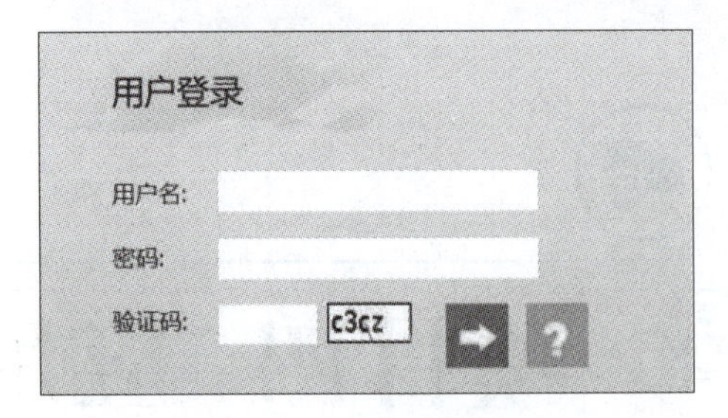

图 4-1　图形验证码示例

Python 光学识别验证码模块有 Tesserocr 和 pytesseract。Tesserocr 和 pytesseract 是 Python 的一个 OCR 识别库,但其实是对 Tesseract 做的一层 Python API 封装,pytesseract 是 Google 的 Tesseract-OCR 引擎包装器,所以其核心是 Tesseract。因此,在安装 Tesserocr 之前,需要先安装 Tesseract。

二、安装配置 Tesserocr

(一)下载 Tesseract-OCR

Tesseract-OCR 的下载页面如图 4-2 所示。

https://tesseract-ocr.github.io/tessdoc/Downloads.html

Binaries for Linux

Tesseract is included in most Linux distributions.

Binaries for Windows

Old Downloads

Downloads Archive on SourceForge. There you can find, among other files, Windows installer for the **old** version 3.02.

Currently, there is no **official** Windows installer for newer versions.

3rd party Windows exe's/installer

- Cygwin includes packages for Tesseract.
- UB Mannheim has installers available for current (5.3.0) and older versions.
- Unofficial Binaries

图 4-2　Tesseract-OCR 下载页面

这里下载 tesseract-ocr-w64-setup-5. 3. 0. 20221222. exe。

(二)安装 Tesseract-OCR

安装包下载完成后,双击文件名即可进行安装。在进行到 Choose Comonents 这一步时,选择 Additional Language data,这样可以识别不同的语言。如果无法安装语言包,直接跳过,然后进入下一步,如图 4-3 所示。

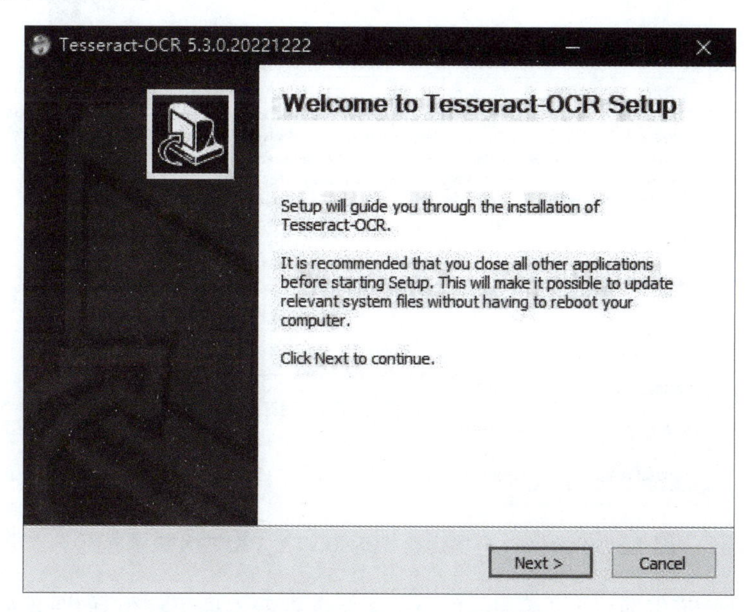

图 4-3　Tesseract-OCR 安装界面

安装完成后将 Tesseract-OCR 执行文件的目录加入变量 Path 中,方便后续调用。

默认安装后的路径为 C:\Program Files\Tesseract-OCR\,当然也可以修改安装路径,将其添加到环境变量,如图 4-4 所示。

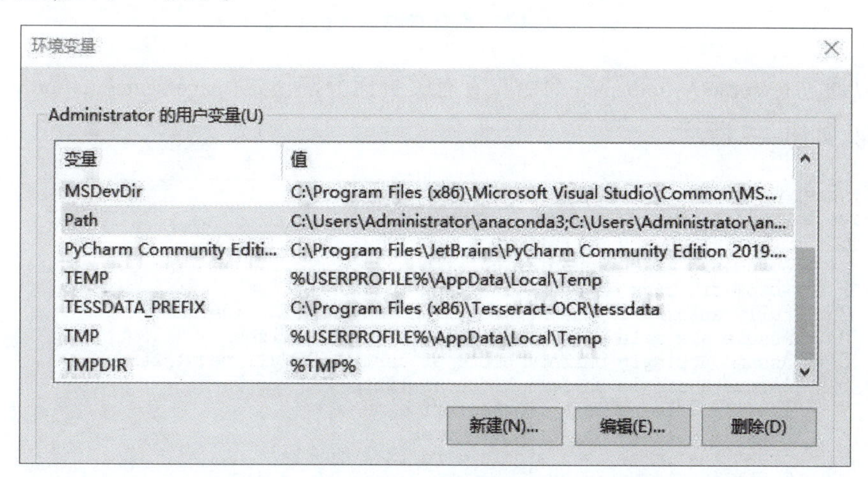

图 4-4　Tesseract-OCR 环境变量 Path 设置界面

(三)安装 Tesseract 字库

可以直接下载语言包压缩文件,解压后将 Tessdata-master 中的文件复制到 Tesseract 的安装目录 C:\Program Files (x86)\Tesseract-OCR\tessdata 下;也可以从相关网站选择需要的字库,如

chi_sim. traineddata、chi_tra. traineddata，放到 Tesseract 的安装目录下。

然后，在系统变量新建增加一个 TESSDATA_PREFIX 变量名，变量的值是安装路径 C:\Program Files\Tesseract-OCR\tessdata，如图 4-5 所示。

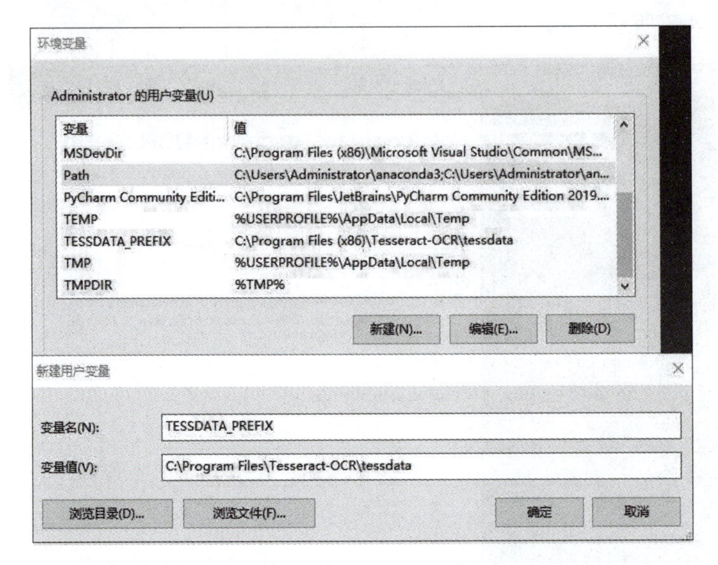

图 4-5　Tesseract 环境变量 TESSDATA_PREFIX 设置界面

安装完字库后，可以通过 tesseract --list-langs 命令查看本地语言包，如图 4-6 所示。

```
C:\Users\Administrator>tesseract --list-langs
List of available languages (2):
eng
osd
```

图 4-6　查看本地语言包

还可以通过 tesseract --help-psm 命令查看有关页面分割模式(page segmentation mode，PSM)的帮助信息，如图 4-7 所示。

```
C:\Users\Administrator>tesseract --help-psm
Page segmentation modes:
  0    Orientation and script detection (OSD) only.
  1    Automatic page segmentation with OSD.
  2    Automatic page segmentation, but no OSD, or OCR.
  3    Fully automatic page segmentation, but no OSD. (Default)
  4    Assume a single column of text of variable sizes.
  5    Assume a single uniform block of vertically aligned text.
  6    Assume a single uniform block of text.
  7    Treat the image as a single text line.
  8    Treat the image as a single word.
  9    Treat the image as a single word in a circle.
 10    Treat the image as a single character.
 11    Sparse text. Find as much text as possible in no particular order.
 12    Sparse text with OSD.
 13    Raw line. Treat the image as a single text line,
       bypassing hacks that are Tesseract-specific.
```

图 4-7　查看 PSM 类型

这里强调语言包和 PSM，是因为在后面的例子中会用到，例如多个语言包组合并且视为统一的文本块将使用如下参数：

```
pytesseract.image_to_string(image,lang="chi_sim+eng",config="-psm 6")
```

三、安装 Python 图片识别库

微课

Python 图片识别库的安装与使用

（一）安装 Pillow 用于打开图片文件

可以使用命令 pip install pillow 安装该组件，如图 4-8 所示。

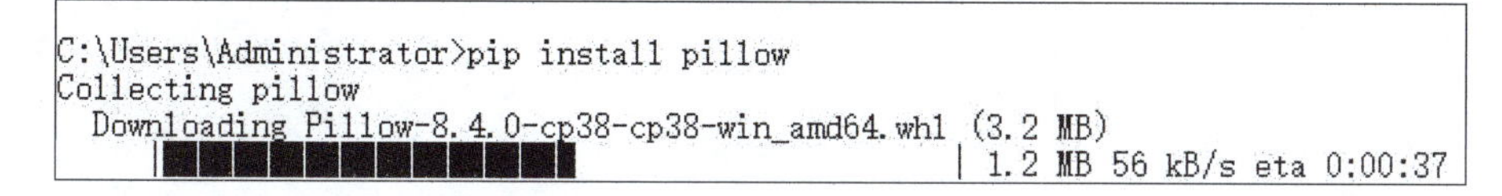

```
C:\Users\Administrator>pip install pillow
Collecting pillow
  Downloading Pillow-8.4.0-cp38-cp38-win_amd64.whl (3.2 MB)
     |████████████                    | 1.2 MB 56 kB/s eta 0:00:37
```

图 4-8　安装 Pillow 组件

（二）安装 pytesseract 用于从图片中解析数据

使用 pip install pytesseract 命令安装 pytesseract 组件，如图 4-9 所示。

```
C:\Users\Administrator>pip install pytesseract
Collecting pytesseract
  Downloading pytesseract-0.3.8.tar.gz (14 kB)
Collecting Pillow
  Downloading Pillow-8.4.0-cp38-cp38-win_amd64.whl (3.2 MB)
     |█                               | 122 kB 56 kB/s eta 0:00:55
```

图 4-9　安装 pytesseract 组件

四、使用 Python 图片识别库

通过 pytesseract 模块的 image_to_string()方法就能将打开的图片文件中的数据提取成字符串数据。下面通过实例进行来具体说明。

有如下英文+数字的待识别图片，如图 4-10 所示。

Python3WebSpider

图 4-10　被识别的图片

由于都是英文和数字，只传入图片数据，其他参数使用默认值，代码和运行结果如下：

```
#程序 4.1
import pytesseract
from PIL import Image
image=Image.open(r'e://temp//test.png')
print(pytesseract.image_to_string(image))
Python3WebSpider
```

可以看到,程序输出了图片中的字符串,表明安装识别成功。

如果有图4-11所示这样一个带干扰背景的识别码,因为图片背景有一些斜线,就会对识别图片产生干扰,以下程序运行后结果会识别成PG2%,个别字符识别得不是很准确。

PC2X

图4-11　带干扰背景的识别码

```
#程序4.2
import pytesseract
from PIL import Image
image=Image.open(r'e://temp//test2.png')
print(pytesseract.image_to_string(image))
PG% 2 PG% 2
```

前面在安装Tesseract字库时,我们提到了语言包和PSM。下面结合语言包和PSM识别如图4-12所示的“用之不竭”字块。

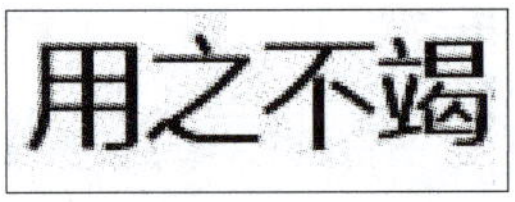

用之不竭

图4-12　示例字块

程序和运行结果如下:

```
#程序4.3
import pytesseract
from PIL import Image
image=Image.open(r'e://temp//test4.png')
print(pytesseract.image_to_string(image,lang="chi_sim+eng",config="--psm 6"))
用之不竭
```

需要说明的是,使用pytesseract模块对图片的识别率并不是很高,如果需要提高识别率,还需要进一步应用图像识别技术、机器学习技术,有兴趣的读者可以深入了解和学习。

任务小结

本任务主要学习了如何对图形验证码进行识别。图形验证码是目前各大网站用于保护数据普遍使用的技术,而且验证码的发展也多种多样,其被识别的难度也越来越高,验证码的类型也从单一图形验证码发展到滑动验证码、点触验证码、宫格验证码等,这为数据爬取增加了难度。识别这些验证码,需要用到图像处理、模式识别甚至机器学习等知识和技术,难度也比较大,有兴趣的读者可以查阅相关资料进行深入了解。

思考与练习

一、选择题

1. 有关 Python 中光学识别验证码模块说法正确的有(　　)。

A. Tesserocr 和 pytesseract 都是 Python 光学识别验证模块

B. pytesseract 是 Google 的 Tesseract-OCR 引擎包装器

C. pytesseract 是对 Tesseract 做的一层 Python API 封装

D. Tesserocr 的底层不是 Tesseract

2. 以下关于 Tesserocr 的安装说法正确的有(　　)。

A. Tesseract-OCR 应用需要安装语言包

B. Tesseract-OCR 安装需要设置系统环境变量 Path

C. Tesseract-OCR 安装需要设置系统环境变量 TESSDATA_PREFIX

D. 可以通过 tesseract --list-langs 查看本地语言包

3. 验证码是一种(　　)。

A. 存储方式　　B. 保护数据方法

C. 鉴别用户的技术　　D. 加密技术

4. 以下验证码识别中,(　　)是相对简单的。

A. 图形验证码　　B. 滑动验证码

C. 点触验证码　　D. 宫格验证码

二、填空题

1. Python 中光学识别验码模块有____________等。

2. 安装 Tesserocr 之前,需要先安装____________。

3. 安装 Tesserocr 的命令是____________。

4. 安装 Pillow 的命令是____________。

5. 通过 pytesseract 模块的____________方法就能将打开的图片文件中的数据提取成字符串数据。

三、简答题

1. 除了图形验证码之外,还有哪些类型的验证码以及识别的方法与技术?

2. 如果要提高验证码的识别率,还有哪些技术可以使用?

3. Pillow 库的作用是什么?

项目五 使用Scrapy框架

任务 使用 Scrapy 框架

任务描述

Scrapy 是一个基于 Python 的、快速、高层次的屏幕爬取和 Web 获取框架，利用 Scrapy 不仅可以爬取 Web 页面，还可以获取页面的结构化数据。与前面提到的 Python 库不同，Scrapy 框架提供了基本的数据爬取的基类和方法。用户可以直接使用这些类和方法，也可以根据需要修改这些类和方法，因此在获取网络数据时不必从最基础的代码写起，而是可以充分利用框架提供的类和方法，快速地构建网络爬虫程序。本任务将介绍 Scrapy 的概念、架构，以及编写 Scrapy 程序的方法。

任务目标

- 了解 Scrapy 的架构。
- 创建 Scrapy 项目。
- 配置 Scrapy 项目。

了解 Scrapy 框架

任务实施

一、了解 Scrapy 框架

Scrapy 是一套基于 Twisted 的异步网络框架，是由纯 Python 语言实现的爬虫框架，用户只需要定制开发几个模块就可以轻松地实现一个爬虫程序，用来爬取网页内容，非常方便。用户不必从底层编写网络爬虫程序，而是充分利用框架提供的类和方法，快速构建自己的爬虫程序，也可以根据用户自身的需要对 Scrapy 框架的模块进行定制和修改，因此 Scrapy 框架具有较强的灵活性和适应性，在数据挖掘、信息处理和历史数据存储等领域获得了广泛的应用。

这里简单介绍一下 Twisted 异步网络框架。Twisted 是用 Python 语言实现的基于事件驱动的网络引擎框架，其诞生于 2000 年初，开始是为游戏开发而设计，具有可扩展性高、基于事件驱动、跨平台等特点。Twisted 支持许多常见的传输及应用层协议，包括 TCP、UDP、SSL/TLS、HTTP、IMAP、SSH、IRC 以及 FTP。

所谓异步网络，就是一个非阻塞的过程。即当进程发出请求后，可以不等待响应就返回，这样可以使进程在等待请求返回的过程中处理其他事务。与之对应的是同步网络，它是一个阻塞过程。即进程发出请求后必须等待响应的到来，否则就不会处理其他事务。同步和异步的区别如图 5-1 所示。

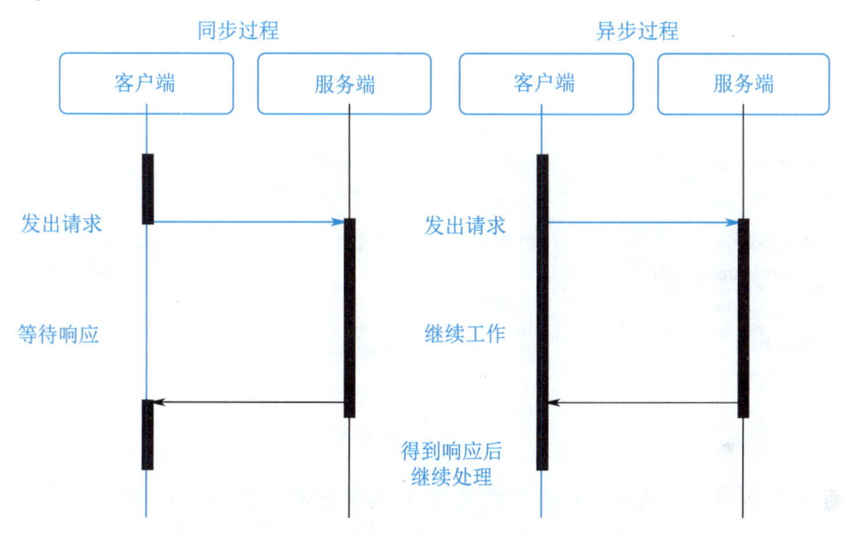

图 5-1　同步网络和异步网络的区别

（一）Scrapy 架构和基本组件

Scrapy 的框架结构如图 5-2 所示。

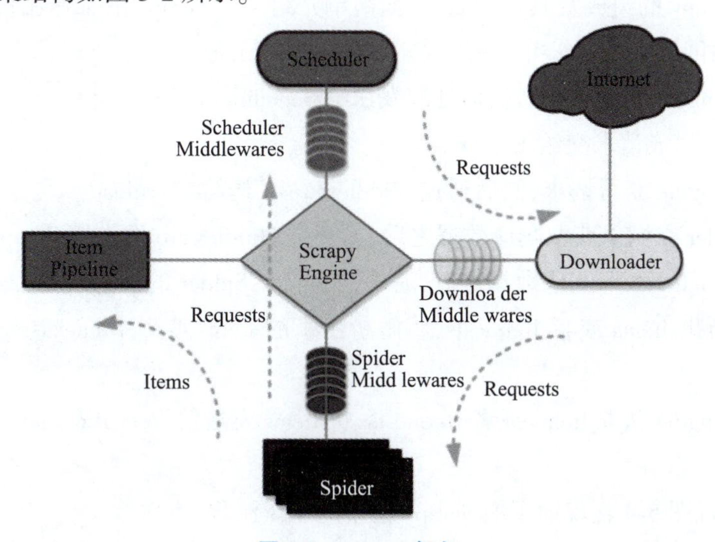

图 5-2　Scrapy 框架

从图 5-2 可以看出，Scrapy 框架主要由 Scrapy Engine、Downloader、Scheduler、ItemPipline、Spiders、Spider MiddleWares 以及 Download Middlewares 构成。

Scrapy 框架中每个模块的作用如图 5-3 所示。

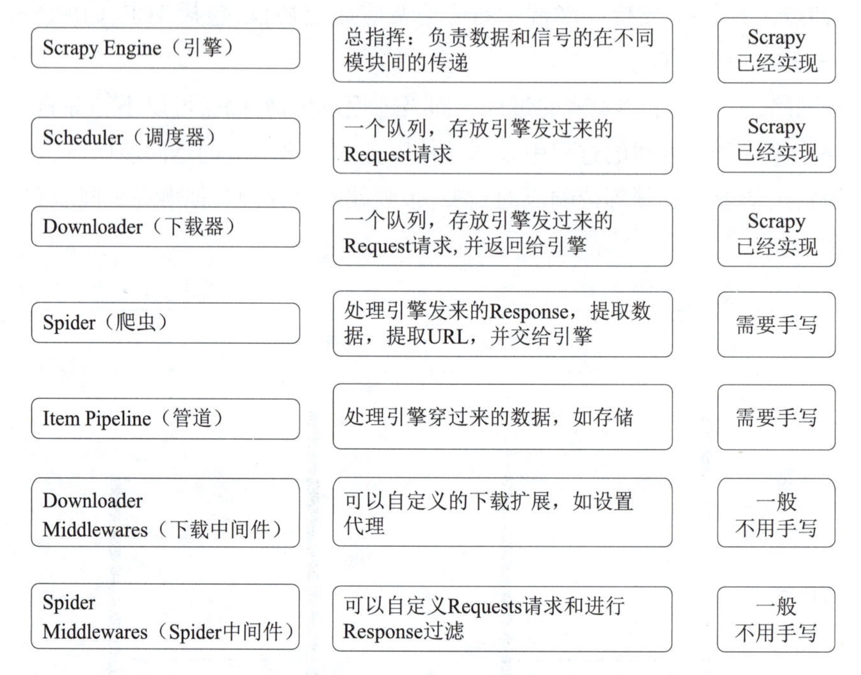

图 5-3　Scrapy 的组成模块

从图 5-3 中可以看出，Scrapy 框架已经搭建了爬虫的程序结构，需要手动编写的模块主要是 Spider 和 Item Pipeline，类似于 MapReduce 框架中的程序，一般只需要编写 Map() 和 Reduce() 两个方法。

(二)Scrapy 框架的工作流程

在了解了 Scrapy 的组成及其作用后，下面简单介绍一下 Scrapy 的工作流程。

(1)Spider 向网站发出请求并将请求发送给 Scrapy Engine。

(2)Scrapy Engine 对请求不做任何处理发送给 Scheduler。

(3)Scheduler 生成请求交给 Engine。

(4)Scrapy Engine 获得请求，然后通过 Middleware 发送给 Downloader。

(5)Downloader 在网上获取响应数据之后，又经过 Middleware 发送给 Scrapy Engine。

(6)Scrapy Engine 获取响应数据之后，返回给 Spider，Spider 的 parse() 方法对获取的响应数据进行处理，解析出 Items 或者 Requests，将解析出来的 Items 或者 Requests 发送给 Scrapy Engine。

(7)Scrapy Engine 获取 Items 或者 Requests，将 Items 发送给 Item Pipelines，将 Requests 发送给 Scheduler。

我们可以通过图 5-4 直观地了解 Scrapy 框架的工作流程。

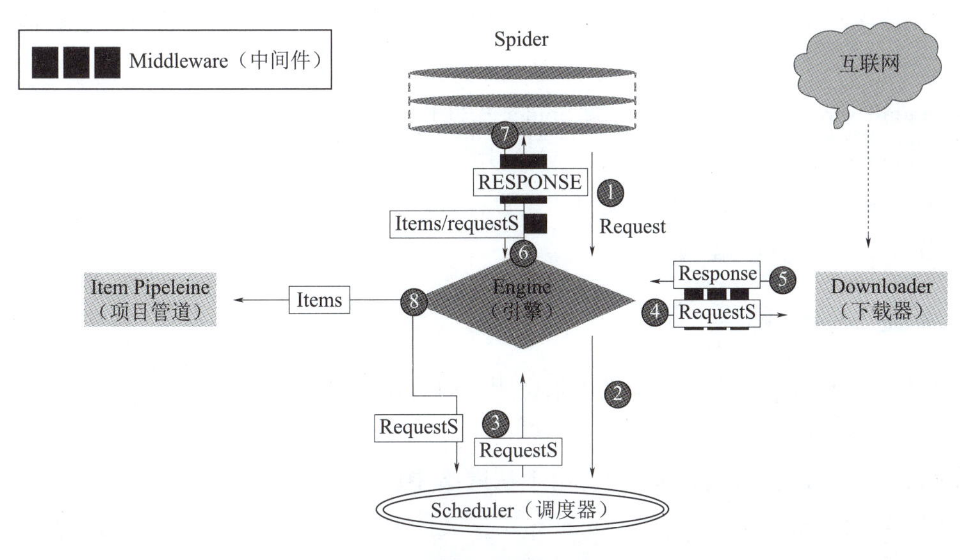

图 5-4　Scrapy 框架的工作流程

Scrapy 框架的应用

二、创建 Scrapy 项目

在创建 Scrapy 项目之前，需要先安装 Scrapy，具体安装方法见项目二，这里不再赘述。安装好 Scrapy 后可以使用如下命令创建项目：

```
scrapy startproject new_project
```

其中，new_project 是需要创建的项目名称，创建好项目后 Scrapy 创建了目录结构，如图 5-5 所示。

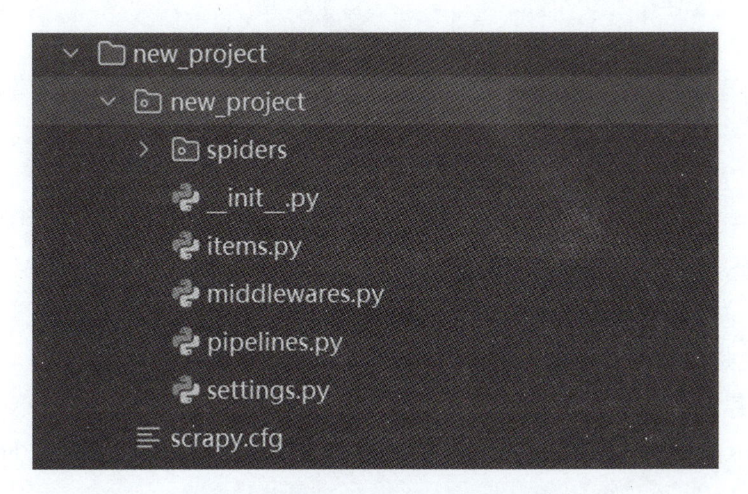

图 5-5　Scrapy 创建项目的目录结构

创建 Scrapy 项目后会产生以下文件：

（1）new_project：该项目的 Python 模块。

（2）spiders：放置 Spider 代码的目录。

(3)items. py:项目中的 Item 文件,包含用户定义的数据模型,用于定义用户想要爬取的数据结构。

(4)middlewares. py 文件:用于定义 Spider 中间件。

(5)pipelines. py:项目中的 Pipelines 文件,用于定语数据处理的管道。

(6)settings. py:设置文件,包含项目的设置,例如请求头、并发数等。

(7)scrapy. cfg:项目的配置文件。

三、配置 Scrapy 项目

本任务采用 Scrapy 官方的一个例子来说明如何构建 Scrapy 爬虫程序。

(一)创建 Spider

前文提过,Spider 是数据爬取模块,用于从网络中爬取数据,它位于 spiders 文件夹中。因此,在刚才创建的 new_project 文件夹下的 spiders 文件夹中创建 Spider 程序,代码如下:

```
#程序 5.1
import scrapy
classQuotesSpider(scrapy.Spider):
  name='quotes'
  start_urls=[
      'http://quotes.toscrape.xxx/',
  ]
  def parse(self, response):
      for quote in response.css("div.quote"):
          yield {
              'text': quote.css("span.text::text").extract_first(),
              'author': quote.css("small.author::text").extract_first(),
              'tags':quote.css("div.tags > a.tag::text").extract()
          }
        next_page_url = response.css("li.next > a::attr(href)").extract_first()
        ifnext_page_url is not None:
          yieldscrapy.Request(response.urljoin(next_page_url))
```

程序实际上是继承了 scrapy. Spider 基类,并定义了一些属性和方法如下:

(1)name:定义了爬虫的名字,用于在命令行中运行爬虫时标识它。

(2)start_urls:包含爬虫初始访问的 URL 列表。在这个例子中,爬虫将从'http://quotes. to-scrape. xxx/tag/humor/'开始。

(3)parse()方法是默认的回调函数,用于解析下载的页面。在这里,它使用 CSS 和 XPath 选择器从页面中提取名言的作者和文本。

(4)使用 response. css()和 response. xpath()方法选择页面上的元素。

(5)使用 yield 关键字将提取的数据以字典的形式返回。

(6)使用 response. follow()方法跟踪下一页的链接,并调用 self. parse()方法处理下一页的内容。

(二)创建 Item

Scrapy 的主要目标是从非结构化数据源(通常是网页)中提取结构化数据。Spider 可以将提取的数据作为 Item 返回,Item 通常定义为键值对。创建 Item 时,可以使用所需的任何类型的 Item。当编写接收 Item 的代码时,代码应该适用于任何 Item 类型。

Scrapy 支持的 Item 类型有:dictionaries、Item objects、dataclass objects、attrs objects。具体内容可以参考 Scrapy 的官方文档,这里不再阐述。这里仅举一个例子,代码如下:

```
#程序 5.2
import scrapy
class NewProjectItem(scrapy.Item):
# define the fields for your item here like:
# name = scrapy.Field()
author=scrapy.Field()
text=scrapy.Field()
```

四、运行 Scrapy 项目

将程序 5. 1 用编辑工具编辑并保存为 scrapy_1. py,然后将其存放到 spiders 目录下,如图 5-6 所示。

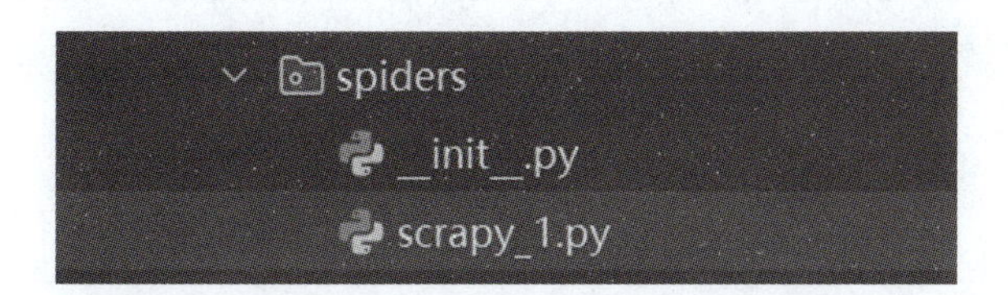

图 5-6　将 scrapy_1 存放在 spiders 目录下

在命令行下将目录切换到 spiders 路径,输入命令,如图 5-7 所示。

```
(.venv) PS C:\Users\62730\PycharmProjects\MyProj\new_project\new_project\spiders> scrapy runspider scrapy_1.py -o quotes.jl
2024-10-11 12:43:31 [scrapy.utils.log] INFO: Scrapy 2.11.2 started (bot: new_project)
2024-10-11 12:43:31 [scrapy.utils.log] INFO: Versions: lxml 5.3.0.0, libxml2 2.11.7, cssselect 1.2.0, parsel 1.9.1, w3lib 2.2.1,
hon 3.12.3 (tags/v3.12.3:f6650f9, Apr  9 2024, 14:05:25) [MSC v.1938 64 bit (AMD64)], pyOpenSSL 24.2.1 (OpenSSL 3.3.2 3 Sep 2024)
.1, Platform Windows-11-10.0.22631-SP0
2024-10-11 12:43:31 [scrapy.addons] INFO: Enabled addons:
[]
2024-10-11 12:43:31 [asyncio] DEBUG: Using selector: SelectSelector
2024-10-11 12:43:31 [scrapy.utils.log] DEBUG: Using reactor: twisted.internet.asyncioreactor.AsyncioSelectorReactor
2024-10-11 12:43:31 [scrapy.utils.log] DEBUG: Using asyncio event loop: asyncio.windows_events._WindowsSelectorEventLoop
2024-10-11 12:43:31 [scrapy.extensions.telnet] INFO: Telnet Password: 8a470d7831aa40ac
```

图 5-7　运行 Scrapy 命令

其中,scrapy runspider 是运行 Scrapy 程序的命令,-o quotes. jl 是输出文件。运行成功后,会在该路径下看到新增一个 quotes. jl 文件,参见图 5-6。用文本编辑工具打开该文件,可以看到获

取的数据,如图 5-8 所示。

```
quotes.jl
1  {"text": "“The world as we have created it is a process of our thinking. It ca
2  {"text": "“It is our choices, Harry, that show what we truly are, far more than our abili
3  {"text": "“There are only two ways to live your life. One is as though nothing is a mirac
4  {"text": "“The person, be it gentleman or lady, who has not pleasure in a good novel, mus
5  {"text": "“Imperfection is beauty, madness is genius and it's better to be absolutely rid
6  {"text": "“Try not to become a man of success. Rather become a man of value.”", "author":
7  {"text": "“It is better to be hated for what you are than to be loved for what you are no
8  {"text": "“I have not failed. I've just found 10,000 ways that won't work.”", "author": "
9  {"text": "“A woman is like a tea bag; you never know how strong it is until it's in hot w
10 {"text": "“A day without sunshine is like, you know, night.”", "author": "Steve Martin",
11 {"text": "“This life is what you make it. No matter what, you're going to mess up sometim
12 {"text": "“It takes a great deal of bravery to stand up to our enemies, but just as much
13 {"text": "“If you can't explain it to a six year old, you don't understand it yourself.”"
14 {"text": "“You may not be her first, her last, or her only. She loved before she may love
15 {"text": "“I like nonsense, it wakes up the brain cells. Fantasy is a necessary ingredien
16 {"text": "“I may not have gone where I intended to go, but I think I have ended up where
17 {"text": "“The opposite of love is not hate; it's indifference. The opposite of art is no
18 {"text": "“It is not a lack of love, but a lack of friendship that makes unhappy marriage
```

图 5-8 获取的数据

五、保存数据到文件

将获取的数据保存到文件可以采用命令:scrapy runspider quotes_spider. py -o quotes. jl。其中,jl 表示 JSONLine,就是以 JSON 格式保存。除了可以保存为 JSON 格式外,还可以保存为 CSV、XML 等格式,方法就是将上述输出文件更换相应的扩展名即可。

任务小结

本任务主要学习了 Scrapy 框架的工作原理、Scrapy 的组件及其作用。在此基础上掌握如何创建、配置和运行 Scrapy 项目,以及将数据保存到文件。请读者在切实理解 Scrapy 工作原理的基础上掌握 Scrapy 的开发过程。

思考与练习

一、选择题

1. 下列有关 Scrapy 框架组成说法正确的是(　　)。

　A. scrapy 框架主要由 Scrapy Engine、Downloader、Scheduler、ItemPipline、Spiders、Spider Middlewares 以及 Download Middlewares 构成

　B. Scrapy Engine(引擎):负责 Spider、ItemPipeline、Downloader、Scheduler 中间的通信,信号、数据传递等

C. Scheduler(调度器):负责接收引擎发送过来的请求,并将请求按照一定的方式进入队列,当引擎需要时,交还给引擎

D. Downloader(下载器):负责下载 Scrapy Engine(引擎)发送的所有 Requests 请求,并将其获取到的 Responses 交还给 Scrapy Engine(引擎),由引擎交给 Spider 来处理

2. 下列有关 Scrapy 框架组成说法正确的是(　　)。

A. Spider(爬虫):负责处理所有 Responses,从中分析提取数据,获取 Item 字段需要的数据,并将需要跟进的 URL 提交给引擎,再次进入 Scheduler(调度器)

B. Item Pipeline(管道):负责处理 Spider 中获取到的 Item,并进行后期处理(详细分析、过滤、存储等)的地方

C. Downloader Middlewares(下载中间件):可以当作一个可以自定义扩展下载功能的组件

D. Spider Middlewares(Spider 中间件):可以理解为一个可以自定义扩展和操作引擎和 Spider 中间通信的功能组件

3. Scrapy 框架的优势是(　　)。

A. 不需要编程

B. 用户可以对框架模块进行定制和修改

C. 较强的灵活性和适应性

D. 需要从底层编写程序

4. 下面对异步网络的说法,正确的是(　　)。

A. 它是一个阻塞的过程

B. 当进程发出请求后,需要等待响应才能返回

C. 当进程发出请求后,不需要等待响应就能返回

D. 进程在等待请求返回的过程不可以处理其他事务

5. Scrapy 的基本组件有(　　)。

A. Scrapy Engine　　B. SchedulerC. 内存管理器　　D. 线程管理器

二、填空题

1. Scrapy 是一套基于________的异步网络框架。

2. Scrapy Engine(引擎)的功能是负责________、________、________、________中间的通讯,信号、数据传递等。

3. Spiders 向网站发出请求后会将请求发送给________。

4. Scrapy 创建项目的命令是________。

5. 运行 Scrapy 程序的命令是________。

三、简答题

1. 什么是 Twisted 异步网络框架?

2. 什么是同步网络?什么是异步网络?

3. Scrapy 的基本组件有哪些?
4. 简述 Scrapy 组件中每个模块的作用。
5. 简述 Scrapy 的工作流程。
6. 创建 Scrapy 项目后会产生哪些目录和文件?
7. 如何配置 Scrapy 项目?
8. 如何创建 Item?
9. 如何保存数据到文件?
10. 同项目三所讲述的方法相比,Scrapy 有什么优势和不足?

项目六　使用大数据采集工具

任务一　认识大数据同步技术——DataX

任务描述

DataX 是一种开源的 ETL(extract-transform-load,抽取、清洗转换、加载)工具,能够提供各种异构数据源之间高效的数据同步功能。本任务将完成 DataX 工具的安装、配置,并在此基础上实现数据的同步。

任务目标

- 了解 DataX 的基本概念。
- 理解 DataX 的架构。
- 掌握 DataX 的安装和配置方法。
- 掌握 DataX 数据同步的方法。

微课

了解开源 ETL 工具 DataX

任务实施

一、了解 DataX 的基本概念

在大数据时代,数据的特点之一就是多源和异构。存储数据有文件、关系型数据库以及各种非关系型数据库,不同的数据库或数据存储系统在数据格式、编码、规范等各个方面都各不相同。例如,要分析 IT 企业的招聘数据,以便对求职者给出建议,就需要对企业的招聘信息以及求职者的求职信息进行处理和分析。但是,这些数据分布在不同招聘企业的服务器上,不同的企业存储数据的方式各式各样,存储格式、编码、存储规范也不尽相同。因此,将这些分布在不同企业、不同求职网站上的异构的数据仅进行简单的采集是无法进行数据分析的,因为这些来

自不同数据源的数据无法实现互通。因此,需要提供一种数据同步工具,使得多源的数据能够进行互通,从而为以后的数据分析打下基础,而 DataX 就是这样一种数据同步工具。

DataX 是阿里云 DataWorks 数据集成的开源版本,是阿里巴巴集团广泛使用的离线数据同步工具或平台。DataX 实现了 MySQL、Oracle、SQL Server、Postgre、HDFS、Hive、ADS、HBase、TableStore(OTS)、MaxCompute(ODPS)、Hologres、DRDS 等各种异构数据源之间高效的数据同步功能。

当前阿里云开源全新版本是 DataX 3.0,该版本具有更多、更强大的功能和更好的使用体验。

二、DataX 3.0 的框架设计

Datax 的主要特点如下:

(1)在异构的数据库/文件系统之间高速交换数据。

(2)采用 Framework+Plugin(框架+插件)架构构建。

(3)运行模式:stand-alone(独立运行)。

(4)开放式的框架:开发者可以在极短的时间开发一个新插件以快速支持新的数据库/文件系统。

为了解决异构数据源同步问题,DataX 将复杂的网状同步链路转换成星状数据链路,DataX 作为中间传输载体负责连接各种数据源。当需要接入一个新的数据源时,只需要将此数据源对接到 DataX,之后就可以和已有的数据源做到无缝数据同步。

DataX 作为离线数据同步框架,采用 Framework+Plugin(框架+插件)的架构构建。DataX 框架将数据源读取和写入抽象成为 Reader/Writer 插件。其中,Reader 为数据采集模块,负责采集数据源的数据,将数据 发送给 Framework;Writer 为数据写入模块,负责不断向 Framework 取数据,并将数据写入目的端;Framework 用于连接 Reader 和 Writer,作为两者的数据传输通道,并处理缓冲、流控、并发、数据转换等核心技术问题。图 6-1 所示为 DataX 框架。

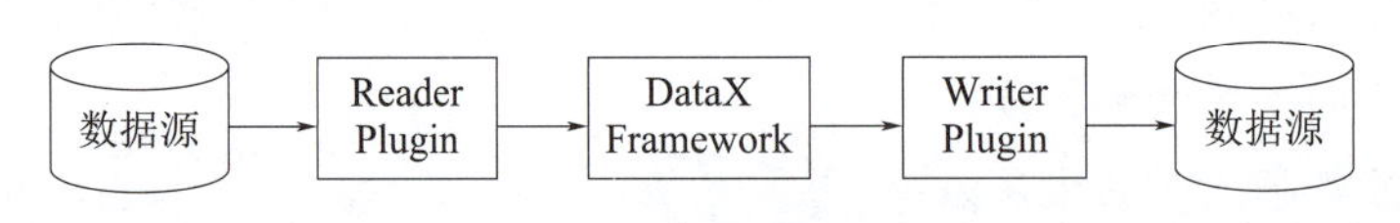

图 6-1 DataX 框架

(一)DataX 3.0 插件体系

经过多年的发展,DataX 已经有了比较全面的插件体系,主流的 RDBMS、NoSQL、大数据计算系统都已经接入 DataX。DataX 目前支持的数据类型见表 6-1。

表 6-1 DataX 支持的数据类型

类　型	数 据 源	Reader(读)	Writer(写)	文　档
RDBMS 关系型数据库	MySQL	√	√	读、写
	Oracle	√	√	读、写
	SQL Server	√	√	读、写
	PostgreSQL	√	√	读、写

续表

类　型	数据源	Reader(读)	Writer(写)	文　档
RDBMS 关系型数据库	DRDS	√	√	读、写
	达梦	√	√	读、写
	通用 RDBMS	√	√	读、写
阿里云数据存储	ODPS	√	√	写
	ADS		√	读、写
	OSS	√	√	读、写
	OCS	√	√	读、写
NoSQL 数据存储	OTS	√	√	读、写
	Hbase 0. 94	√	√	读、写
	Hbase 1. 1	√	√	读、写
	MongoDB	√	√	读、写
	Hive	√	√	读、写
无结构化数据存储	TxtFile	√	√	读、写
	FTP	√	√	读、写
	HDFS	√	√	读、写
	Elasticsearch		√	写

DataX Framework 提供了简单的接口与插件交互，以及简单的插件接入机制，只需要任意加上一种插件就能无缝对接其他数据源。

（二）DataX 3.0 核心架构

DataX 3.0 支持单机多线程模式完成同步作业运行。我们可按一个 DataX 作业生命周期的时序图（见图 6-2），从整体架构设计说明 DataX 各个模块的相互关系。

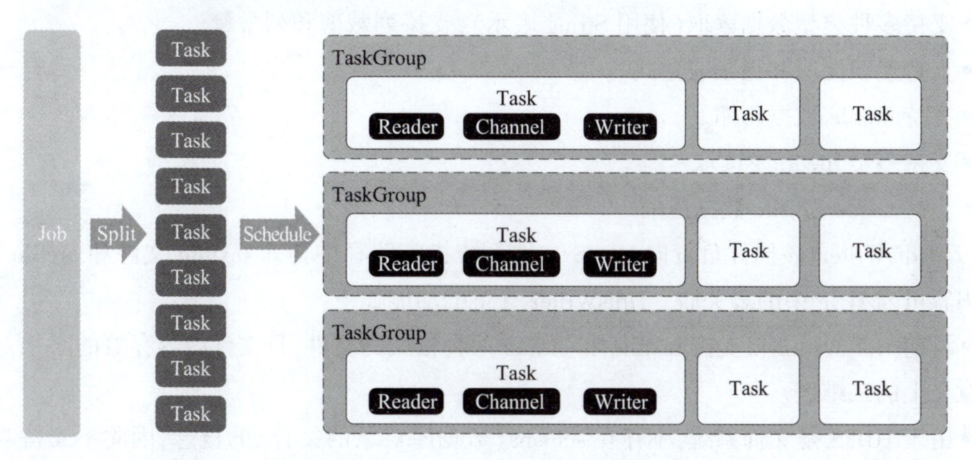

图 6-2　一个 Data 作业生命周期时序图

DataX 完成单个数据同步的作业，称为 Job，DataX 接收到一个 Job 之后，将启动一个进程来完成整个作业同步过程。DataX Job 模块是单个作业的中枢管理结点，承担了数据清理、子任务切分、将单一作业计算转化为多个子 Task（任务）和 TaskGroup（任务组）管理等功能。

DataX Job 启动后，会根据不同的源端切分策略，将 Job 切分成多个小的 Task，以便于并发执行。Task 便是 DataX 作业的最小单元，每一个 Task 都会负责一部分数据的同步工作。

切分多个 Task 之后，DataX Job 会调用 Schedule 模块，根据配置的并发数据量，将拆分成的 Task 重新组合，组装成 TaskGroup。每一个 TaskGroup 负责以一定的并发运行分配好的所有 Task，默认单个任务组的并发数量为 5。每一个 Task 都由 TaskGroup 负责启动，Task 启动后，会固定启动 Reader→Channel→Writer 的线程来完成任务同步工作。

DataX 作业运行起来之后，Job 监控并等待多个 TaskGroup 模块任务完成，待所有 TaskGroup 任务完成后 Job 成功退出。否则，异常退出，进程退出值非 0。

我们来看一个具体例子。用户提交了一个 DataX 作业，并且配置了 20 个并发，目的是将一个 100 张分表的 MySQL 数据同步到 odps 里面。DataX 的调度决策思路是：DataX Job 根据分库分表切分成了 100 个 Task。根据 20 个并发，每个 Task Group 的并发数量为 5，所以 DataX 计算共需要分配 4 个 Task Group。4 个 Task Group 平分切分好 100 个 Task，每一个 Task Group 负责 5 个并发共计运行 25 个 Task。

（三）DadaX 3.0 常用插件

（1）HdfsReader：该插件提供了读取分布式文件系统数据存储的能力。在底层实现上，HdfsReader 获取分布式文件系统上文件的数据，并转换为 DataX 传输协议传递给 Writer。HdesReader 支持的功能如下：

• 支持 textfile、orcfile、rcfile、sequence file 和 csv 格式的文件，且要求文件内容存放的是一张逻辑意义上的二维表。

• 支持多种类型数据读取（使用 String 表示），支持列裁剪和列常量。

• 支持递归读取和正则表达式。

• 支持 orcfile 数据压缩。

• 支持多个 file 并发读取。

• 支持 sequence file 数据压缩。

（2）HdfsWriter：该插件负责向 HDFS 文件系统指定路径中写入 textfile 文件和 orcfile 文件，文件内容可与 Hive 中的表关联。HdfsWriter 支持的功能如下：

• 目前 HdfsWriter 仅支持 textfile 和 orcfile 两种格式的文件，且文件内容存放的必须是一张逻辑意义上的二维表。

• 由于 HDFS 是文件系统，不存在 schema（数据库对象的集合）的概念，因此不支持对部分列写入。

• 目前仅支持以下 Hive 数据类型，见表 6-2。

表 6-2　DataX 支持的 Hive 数据类型

DataX 内部类型	Hive 数据类型
Long	TINYINT、SMALLINT、INT、BIGINT
Double	FLOAT、DOUBLE
String	STRING、VARCHAR、CHAR
Boolean	BOOLEAN
Date	DATE、TIMESTAMP

- 对于 Hive 分区表，目前仅支持一次写入单个分区。
- 对于 textfile 需要用户保证写入 HDFS 文件的分隔符与在 Hive 上创建表时的分隔符一致，从而实现写入 HDFS 数据与 Hive 表字段关联。

HdfsWriter 实现过程：首先根据用户指定的路径，创建一个 HDFS 文件系统上不存在的临时目录，然后将读取的文件写入这个临时目录，再将这个临时目录下的文件移动到用户指定目录（在创建文件时保证文件名不重复），最后删除临时目录。如果在中间过程发生网络中断等情况造成无法与 HDFS 建立连接，需要用户手动删除已经写入的文件和临时目录。

（3）MySQLReader：该插件实现从 MySQL 读取数据，不同于其他关系型数据库，MySQLReader 不支持 FetchSize（提取大小）。对于用户配置表列的信息，MySQLReader 将其拼接为 SQL 语句发送到 MySQL 数据库。对于用户配置 querySql 信息，MySQLReader 直接将其发送到 MySQL 数据库。

（4）MySQLWriter：该插件实现了写入数据到 MySQL 主库的目的表的功能。使用 MySQLWriter 能从数据仓库导入数据到 MySQL。同时 MySQLWriter 亦可以作为数据迁移工具为 DBA 等用户提供服务。

微课

DataX 的安装与应用

三、安装并配置 DataX 3.0

这里介绍 DataX 在 Linux 平台下的安装。在安装 DataX 之前需要安装 jdk1.8 以及 Python 2.7 以上版本，具体安装方法参见项目二和 jdk 的安装文档。

首先下载 dataX，或在 Linux 平台下运行以下命令：

```
wget http://datax-opensource.oss-cn-hangzhou.aliyuncs.com/datax.tar.gz
```

得到 datax.tar.gz，然后将其解压。例如，将其解压到/usr/local/datax 下面，命令如下：

```
sudo tar -zxvf datax.tar.gz -C /usr/local
```

解压完成后进入 DataX 的 bin 目录如下：

```
cd /usr/local/datax/
cd bin/
```

运行 python datax.py -r streamreader -w streamwriter 命令，其中-r streamreader 用于指定流式数据源读取数据，-w streamwriter 用于指定流式数据目标写入数据。命令执行后可以看

到如下结果。

```
{
"job": {
    "content": [{
        "reader": {
            "name": "streamreader",
                "parameter": {
                "column": [],
                "sliceRecordCount": ""
            }
        },
    "   writer": {
            "name": "streamwriter",
            "parameter": {
            "encoding": "",
            "print": true
        }
    }],
    "setting": {
        "speed": {
            "channel": ""
        }
    }
}
}
```

上面这个 JSON 格式文件是一个配置文件的模板,可以按照这个模板编写自己的 JSON 格式文件。具体要编写的条目如下:

1. Reader 部分

(1) name:指定读取数据的插件或者 Reader 的名字,这里是 streamreader,需要根据实际数据源选择合适的 Reader。

(2) parameter. column:需要配置要从数据源读取的列信息。在这个模板中是一个空数组,需要填充具体的列信息。

(3) parameter. sliceRecordCount:配置每个切片处理的记录数,即一次性从数据源读取的记录数。

2. Writer 部分

(1) name:指定写入数据的插件或者 Writer 的名字,这里是 streamwriter,需要根据实际需求选择合适的 Writer。

(2) parameter. encoding:配置写入文件的字符编码。

(3) parameter. print:配置是否在控制台打印输出,这里设置为 true。

3. Setting 部分

speed. channel：配置通道的数量，即并行处理的通道数。这个值会影响作业的处理速度。

需要注意的是，datax. py 是按照 Python2. x 的语法编写的，目前用户的电脑上一般都安装的是 Python 3. x 版本，这样直接运行上述命令将会报错。解决方案是以 Python 3. x 的语法格式（主要为 print 语句和 Exception 语句）修改 datax. py 程序，修改后就可以正确运行。

四、DataX 应用实例参考

描述：从一个包含特定数据的输入流中读取数据，并将其写入到输出流中。

首先进入 datax 的 job 目录下新建 first. json 文件代码如下：

```
[root@ hadoop01 home]# cd /usr/local/datax/
[root@ hadoop01 datax]# vi ./job/first.json
```

新增内容如下：

```
{
 "job": {
   "content": [
     {
       "reader": {
         "name": "streamreader",
         "parameter": {
           "sliceRecordCount": 10,
           "column": [
             {
               "type": "long",
               "value": "10"
             },
             {
               "type": "string",
               "value": "hello,你好,世界-DataX"
             }
           ]
         }
       },
       "writer": {
       "name": "streamwriter",
       "parameter": {
         "encoding": "UTF-8",
         "print": true
```

```
            }
          }
        }
      ],
      "setting": {
        "speed": {
          "channel": 5
        }
      }
    }
}
```

这段代码中主要涉及如下的内容：

（1）streamreader 配置

- reader 的名称：streamreader。
- 切片记录数配置：设置为每次处理 10 条记录的切片。
- 列配置：第一列（长整型），类型为 long，值为 10；第二列（字符串），类型为 string，值为' hello，你好，世界-DataX'。

这些配置涉及 DataX 中的以下关键概念：

- record：表示数据的一行，这里的切片记录数配置影响每个 record 的数量。
- column：表示记录中的一个字段，这里有两个列，一个是长整型，另一个是字符串。

（2）streamwriter 配置：

- writer 的名称：streamwriter。
- 编码方式配置：设置为 UTF-8。
- 打印配置：启用了打印功能，即将数据输出打印。

（3）作业整体配置

速度通道配置：设置为 5。在 DataX 中，速度通道用于控制数据传输的速度。

运行 job 命令如下：

```
[root@ hadoop01 datax]# python ./bin/datax.py ./job/first.json
```

运行结果如图 6-3 所示。

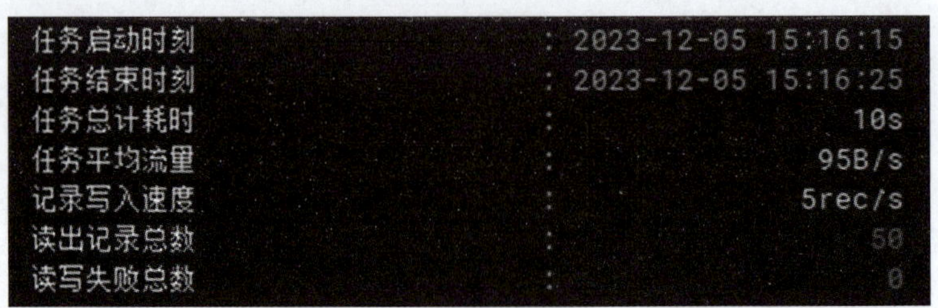

图 6-3　实例运行结果

任务小结

本任务主要学习了数据采集工具 DataX,并介绍了 DataX 3.0 的基本概念和工作原理、框架设计理念、安装与配置,最后给出了 DataX 的应用实例。读者应该在了解 DataX 基本原理的基础上理解并掌握其应用方法。

任务二　认识大数据采集技术——Kafka

任务描述

Kafka 是一个分区的、多副本、多订阅者的分布式日志系统,也可以作为消息队列来使用。本任务将介绍 Kafka 的基本概念、配置和简单应用。

任务目标

- 了解 Kafka 的基本概念。

微课

了解分布式日志系统 Kafka

任务实施

- 掌握 Kafka 安装与配置。
- 掌握 Kafka 的应用。

一、了解 Kafka

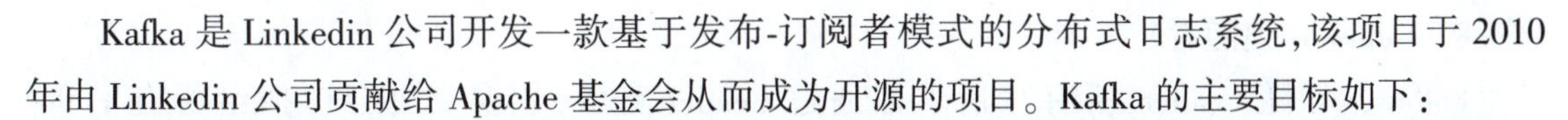

Kafka 是 Linkedin 公司开发一款基于发布-订阅者模式的分布式日志系统,该项目于 2010 年由 Linkedin 公司贡献给 Apache 基金会从而成为开源的项目。Kafka 的主要目标如下:

(1)以时间复杂度 $O(1)$ 提供消息持久化,能够以常数级时间复杂度访问 TB 以上级数据。

(2)具有较高的数据吞吐率,特别是能够在比较廉价的机器上实现较高的数据吞吐率。

(3)支持实时数据处理和离线数据处理。

这些目标为 Kafka 的推广提供了技术支撑。

(一)Kafka 的基本术语

1. Topic(主题)

每条发布到 Kafka 集群的消息都有一个类别,这个类别称为 Topic。物理上不同 Topic 的消息分开存储,逻辑上一个 Topic 的消息虽然保存于一个或多个 Broker 上,但用户只需指定消息的 Topic 即可生产或消费数据而不必关心数据存于何处,Topic 类似于数据库的表名。

2. Partition(分区)

Topic 中的数据分割为一个或多个 Partition。每个 Topic 至少有一个 Partition,每个 Partition 中的数据使用多个 segment(日志文件的片段)文件存储。Partition 中的数据是有序的,不同

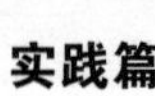

Partition 间的数据丢失了原有数据的顺序。如果 Topic 有多个 Partition，消费数据时就不能保证数据的顺序。

3. Broker（代理）

Kafka 集群包含一个或多个服务器，服务器结点称为 Broker。Broker 存储 Topic 的数据，如果某 Topic 有 N 个 Partition（分区），集群有 N 个 Broker，那么每个 Broker 存储该 Topic 的一个 Partition；如果某 Topic 有 N 个 Partition，集群有（$N+M$）个 Troker，那么其中有 N 个 Broker 存储该 Topic 的一个 Partition，剩下的 M 个 Broker 不存储该 Topic 的 Partition 数据。如果某 Topic 有 N 个 Partition，集群中 Broker 数目少于 N 个，那么一个 Broker 存储该 Topic 的一个或多个 Partition。在实际生产环境中，这种情况容易导致 Kafka 集群数据不均衡，应尽量避免。

4. Producer（生产者）

Producer 指数据的发布者，该角色将消息发布到 Kafka 的 Topic 中。Broker 接收到生产者发送的消息后，将该消息追加到当前用于追加数据的 segment 文件中。生产者发送的消息，存储到一个 Partition 中。

5. Consumer（消费者）

Consumer（消费者）可以从 Broker 中读取数据，可以消费多个 Topic 中的数据。

6. Consumer Group（消费者组）

每个 Consumer 属于一个特定的 Consumer Group。

7. Leader（领导者）

每个 Partition 有多个副本，其中有且仅有一个作为 Leader，Leader 是当前负责数据的读/写的 Partition。

8. Follower（追随者）

Follower 跟随 Leader，所有写请求都通过 Leader 路由，数据变更会广播给所有 Follower，Follower 与 Leader 保持数据同步。如果 Leader 失效，则从 Follower 中选举出一个新的 Leader。

上述术语之间的关系如图 6-4 所示。

（二）Kafka 的消息系统和消息系统模式

消息系统用于在应用程序之间传递数据，应用程序只用于发送数据和接收数据，并不关心数据是如何传送的。实际上数据的传送依靠可靠的消息队列，在客户端和消息系统之间异步传递消息。消息的传递主要有点对点模式和发布订阅模式两种。Kafka 采用的是后者。

在点对点消息系统（见图 6-5）中，消息持久化到一个队列中。此时，将有一个或多个消费者消费队列中的数据，但是一条消息只能被消费一次。当一个消费者消费了队列中的某条数据之后，该条数据则从消息队列中删除。即使有多个消费者同时消费数据，点对点模式也能保证数据处理的顺序。

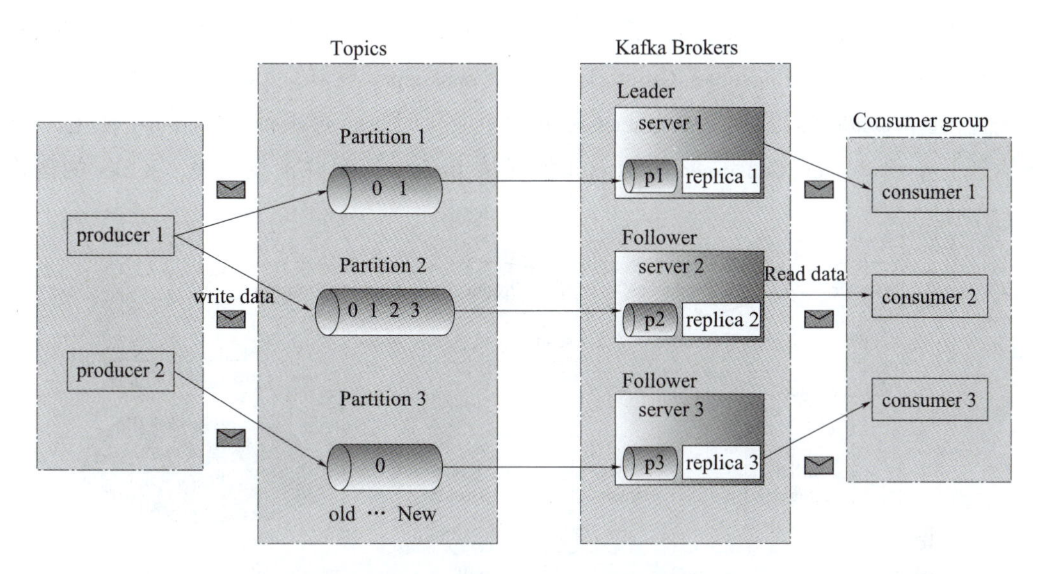

图 6-4　Kafka 术语之间的关系

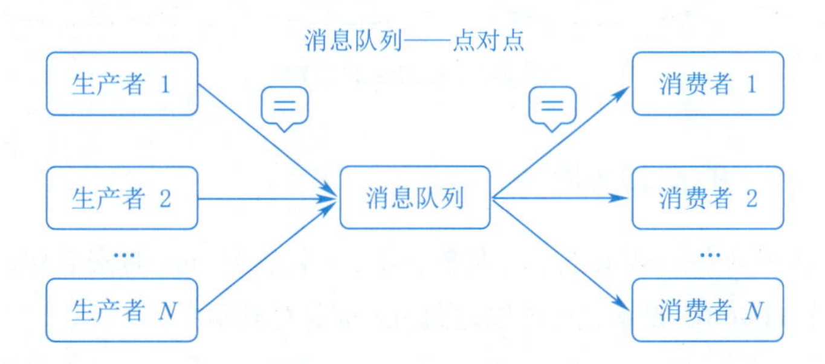

图 6-5　点对点消息模式

在发布—订阅消息系统(见图 6-6)中,消息被持久化到一个 Topic 中。与点对点消息系统不同的是,消费者可以订阅一个或多个 Topic,消费者可以消费该 Topic 中所有的数据。同一条数据可以被多个消费者消费,数据被消费后不会立即删除。在发布—订阅消息系统中,消息的生产者称为发布者,消费者称为订阅者。

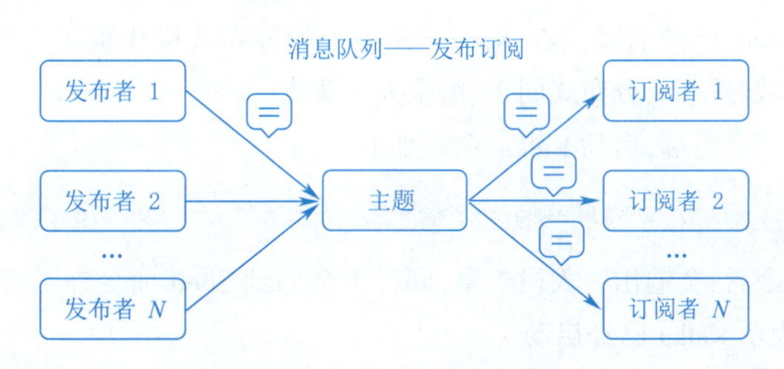

图 6-6　发布—订阅模式

(三)Kafka 的架构

一个典型的 Kafka 集群中包含若干 Producer(可以是 Web 前端产生的页面浏览数,或者是服务器日志、系统 CPU、Memory 等)、若干 Broker(Kafka 支持水平扩展,一般 Broker 数量越多,集群吞吐率越高)、若干 Consumer Group,以及一个 Zookeeper 集群。Kafka 通过 Zookeeper 管理集群配置,选举 Leader,以及在 Consumer Group 发生变化时进行再平衡。Producer 使用 send 动作将消息发布到 Broker,Consumer 使用 pull 模式从 Broker 订阅并消费消息。Kafka 的架构如图 6-7 所示。

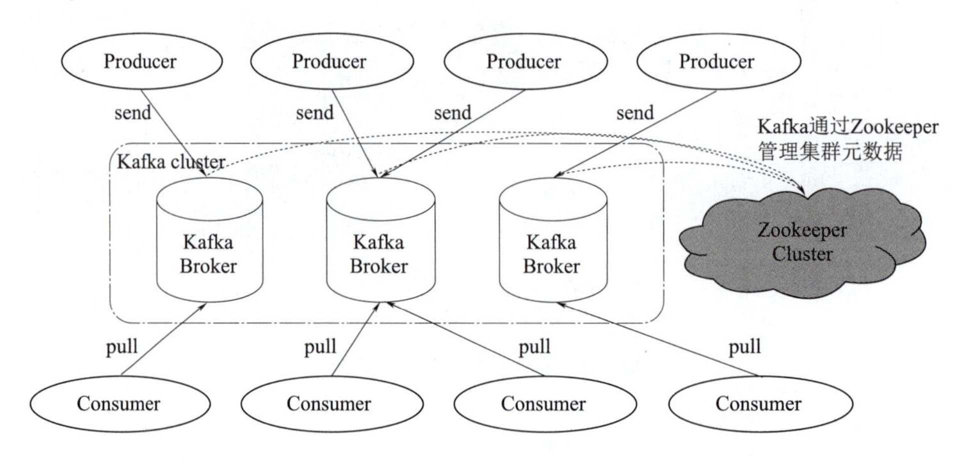

图 6-7　Kafka 的架构

微课

Kafka 的安装与应用

二、Kafka 的安装与应用

可以到官网上下载 Kafka 的安装版本,下载后是. tgz 的安装包。这里下载的版本为 kafka_2. 11-0. 10. 2. 0. tgz,可以通过 tar 命令对其解压:

```
sudo tar -zxvf /usr/local/kafka_2.11-0.10.2.0.tgz -c /usr/local
```

我们可以通过下面的示例来验证 Kafka 是否安装成功。

首先启动 Zookeeper 命令如下:

```
/usr/local/kafka./bin/zookeeper-server-start.sh config/zookeeper.properties
```

运行上面的命令后,终端会输出很多信息,然后就停止不动了,这并不表示死机或出现故障,而是表示 Zookeeper 已经启动。ZooKeeper 是一个为分布式应用提供一致性服务的开源软件,提供配置维护、域名服务、分布式同步、组服务等功能。

接下来创建第二个终端,启动 Kafka,命令如下:

```
/usr/local/kafka./bin/Kafka-server-start.sh config/server.properties
```

输入上面的命令后,会输出一大段信息,同样不会回到 Shell 命令提示符的状态,这也不是死机或故障,而是表示 Kafka 已经启动。

接着再打开第三个终端,用于创建一个名为 mytopic 的主题(Topic),命令如下:

```
/usr/local/kafka./bin/kafka-tipics.sh - create --zookeeper localhost:2181 --repli-
cation-factor 1 --partitions 1 --topic mytopic
```

通过输入上述命令,可以看到已经成功地创建了 mytopic 这个主题。我们可以通过下面的命令查看已经创建的主题:

```
/usr/local/kafka./bin/kafka-tipics.sh --list - zookeeper localhost:2181
...
mytopic
```

创建好主题后,生产者(Producer)就可以在这个主题下发布消息了。示例代码如下:

```
$/usr/local/kafka./bin/kafka-console-producer.sh - broker-list localhost:9092 -
topic mytopic
...
$ Hello,China
$ Chongqing
$ Welcome
```

这里输入了 3 行字符串作为消息的内容,接下来 Consumer 就可以接收到这 3 条消息。打开第四个终端,输入如下命令:

```
/usr/local/kafka./bin/kafka-console-consumer.sh - zookeepr localhost:2181 - top-
ic mytopic - from beginning
...
$ Hello,China
$ Chongqing
$ Welcome
```

可以看到,Consumer 确实接收到了生产者发送的消息。

任务小结

本任务主要学习了 Kafka 的基本概念、安装与应用。Kafka 是基于异步消息传递机制的数据采集工具,主要用于对分布式日志数据进行采集。本任务仅介绍了 Kafka 消息传递机制的过程,读者可以通过案例,了解 Kafka 基本命令的使用以及它是如何传递消息(数据)的。

思考与练习

一、选择题

1. DataX 具有的特点是(　　)。

A. 在异构的数据库/文件系统之间高速交换数据

B. 采用 Framework+plugin 架构构建

C. 运行模式:stand-alone(独立运行)

D. 开放式的框架,开发者可以在极短的时间开发一个新插件以快速支持新的数据库/文

件系统

2. DataX 运行依赖的 JDK 和 Python 版本最低要求？(　　)。

A. jdk 1.7　　B. jdk 1.8C. Python 2.6　　D. Python 2.7

3. 下面(　　)不属于 Kafka 的核心概念。

A. producer　　B. consumerC. dockerD. follower

4. Kafka 中消息传递的模式有(　　)。

A. 本地模式　　B. 点对点模式C. 分布式模式　　D. 发布订阅模式

二、填空题

1. DataX 采用____________架构构建。
2. 为了解决异构数据源同步问题，DataX 将复杂的网状的同步链路转换成。
3. DataX3.0 支持单机____________模式完成同步作业运行。
4. Kafka 主要应用在____________系统和____________系统。
5. Kafka 是基于____________的分布式日志系统。

三、简答题

1. 简要说明 DataX 的主要特点。
2. DataX 的 HdfsReader 作用是什么？
3. 如何安装与配置 DataX？
4. 简述 DataX 的框架。
5. DataX 的 Task 启动后，会启动什么线程？
6. DataX 的配置文件中，主要有哪几个需要配置的部分？
7. 简述 Kafka 中 Topic 的概念。
8. Kafka 的目标是什么？
9. Kafka 的发布—订阅消息系统的工作原理是什么？
10. 简述 Kafka 的主要组件及其作用。

拓展篇

引言

在经历了基础篇和实践篇的学习后，我们已经积累了一定的关于数据获取的知识和技术，也掌握了必要的开发语言以及相关访问数据的 Python 库，并学会了一些常用的大数据的采集工具，包括 DataX、Kafka 等。 有了这些技术的储备，就可以完成一个比较复杂的数据爬取项目，因此在拓展篇中，我们将通过 Scrapy 综合项目爬取网络云课的课程信息来巩固所学知识。

学习目标

- 掌握数据采集的技术与方法。
- 掌握综合应用数据预处理的工具与技术。

知识体系

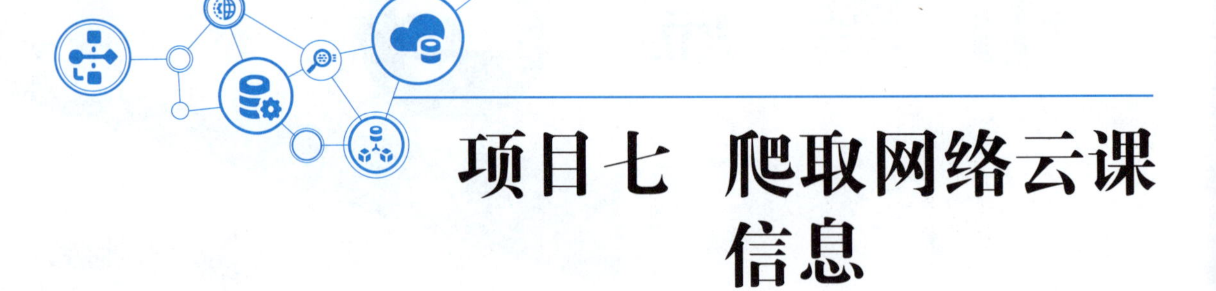

项目七 爬取网络云课信息

任务 使用 Scrapy 爬取网络云课数据

任务描述

本任务将综合应用数据采集与预处理技术,基于某个主题或领域对网络云课数据进行爬取。然后,对爬取的数据加以存储并进行预处理。最后,将清洗后的“干净”数据保存在数据库中以便后续对数据进行分析。

任务目标

- 综合运用数据爬取技术获取数据。
- 数据的存储及访问的方法与技术。
- 数据预处理的方法与技术。

任务实施

项目概述与分析

一、了解爬取项目

在数据驱动的时代,数据已成为研究领域不可或缺的一部分。蓝桥云课作为一家知名的在线教育平台,拥有大量的课程信息、教师信息和学生数据,因此研究人员希望获取该网络云课的数据来进行深入分析和研究。为了高效获取数据,本任务将使用 Python 爬虫来实现。

本任务的目标是爬取蓝桥云课的数据,如课程信息、教师信息及勋章信息等,这些信息爬取之后将保存至 MongoDB。

二、准备爬取项目

任务开始前需要实现代理池和 Cookies 池。代理池是 Scrapy 框架中一个非常重要的概念，它通常是一组动态 IP 地址集合，爬虫可以从地址集合中随机选取 IP 地址发起请求，使用代理池可以提高爬虫的访问频率和稳定性，Cookies 缓冲池则可以有效地减少数据传输的延迟和抖动。

三、理解爬取思路

首先需要实现用户数据的大规模爬取。这里采用的爬取方式是，以蓝桥云课的几个免费课程为起始点，获取课程信息、关联的教师信息和勋章信息。一个课程会关联该课程发布的教师，然后通过获取关联老师的 ID 获取教师的信息，而一个老师的所有勋章信息也可以通过该教师的 ID 获取。

四、分析爬取项目

项目选取的站点是网络云课的站点。打开该站点会进入蓝桥云课官方首页。直接单击某个课程，即可跳转到该课程详情页面，如图 7-1 所示。

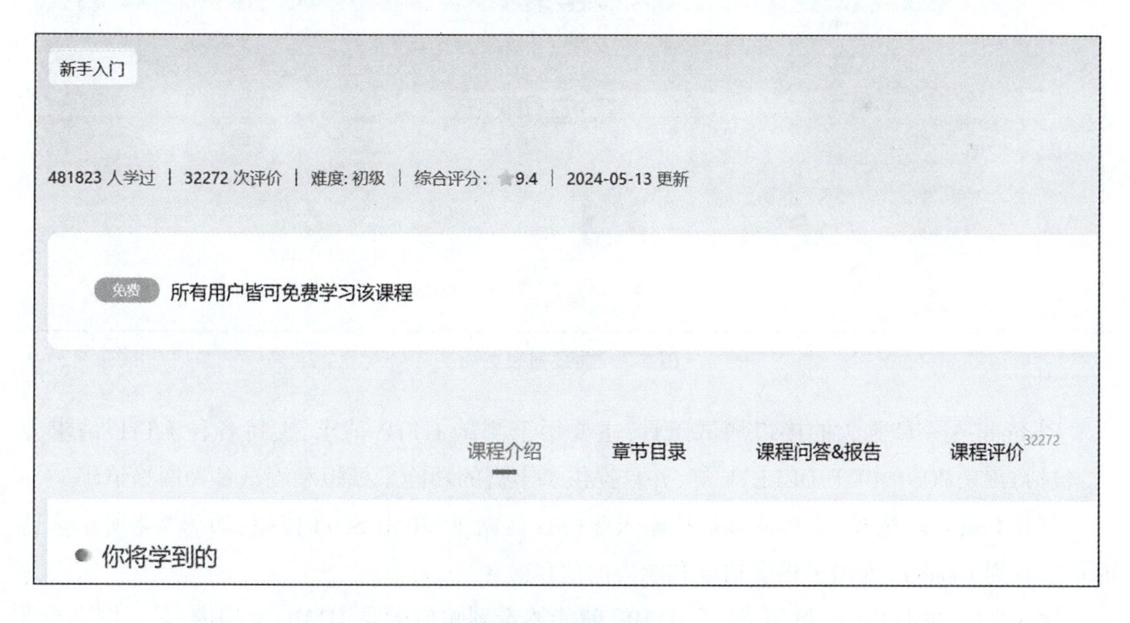

图 7-1 课程信息

在页面可以看到该课程的一些基本信息，如课程介绍、章节目录、课程问答 & 报告、课程评价等。往下会有课程教师，单击教师头像，进入教师详情页面，如图 7-2 所示。

在该页面中可以看到教师相关的信息，如教师用户名、所属院校、粉丝、关注、发布课程等。右边有一个“勋章成就”栏，单击右上侧的箭头可以跳转到该教师的勋章列表页面，如图 7-3 所示。

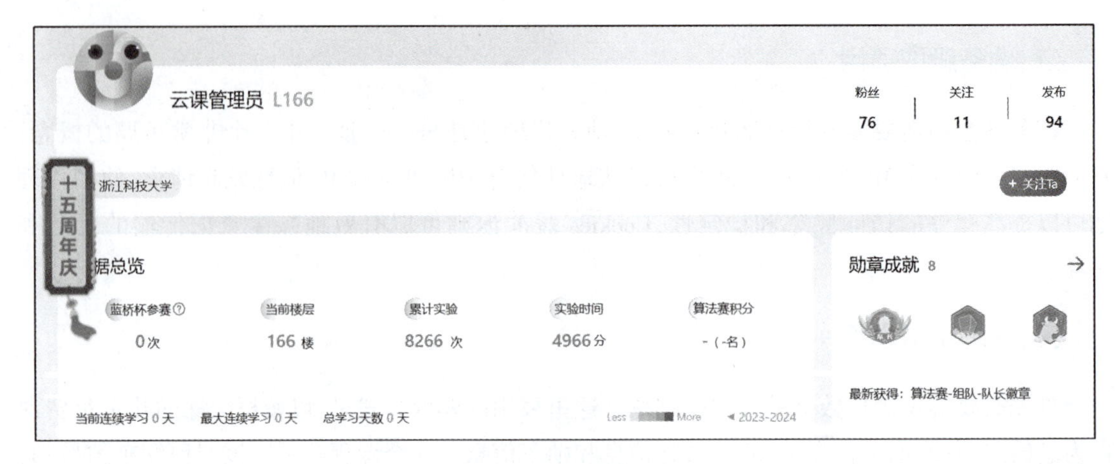

图 7-2　教师详情页面

图 7-3　勋章列表页面

Postman 是一款强大的接口测试工具，主要用于测试 HTTP 请求，支持各种 HTTP 请求方法，包括 GET、POST、PUT、DELETE 等，并且提供了丰富的功能来模拟和测试各种网络请求。

打开 Postman，选择 GET，在地址栏输入蓝桥云课网址，单击 Send 按钮，如图 7-4 所示。这时可以看到 Headers 列出了很多请求和响应的信息。

滚动窗口，单击 Pretty 按钮，选择 HTML，就能够看到响应的是 HTML 文档内容，如图 7-5 所示。这里的内容包括了课程的相关信息，要想获取课程相关数据，就需要解析该 HTML 文档。

在该响应结果中可以找到关于该课程关联教师的 ID，然后通过链接地址就可以访问教师的详情页面，单击“响应”按钮其响应结果依旧是一个 HTML 文档，如图 7-6 所示。该 HTML 文档中包含了教师相关的信息，要想获取教师数据，需要解析该文档。

在该响应结果中可以找到关于该课程关联教师的 ID，然后通过链接地址就可以访问教师获取的勋章信息列表，单击“响应”按钮，其响应结果依旧是一个 HTML 文档，如图 7-7 所示。该HTML文档中包含了勋章相关的信息,要想获取教师勋章数据,同样需要解析该文档。

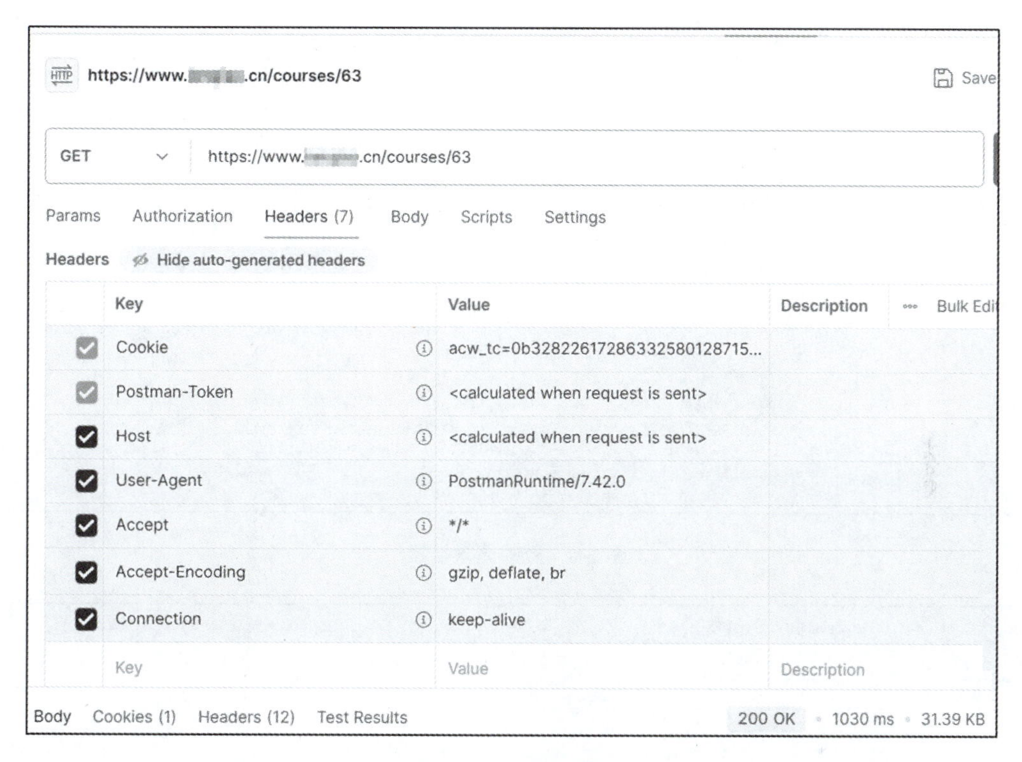

图 7-4 课程请求链接

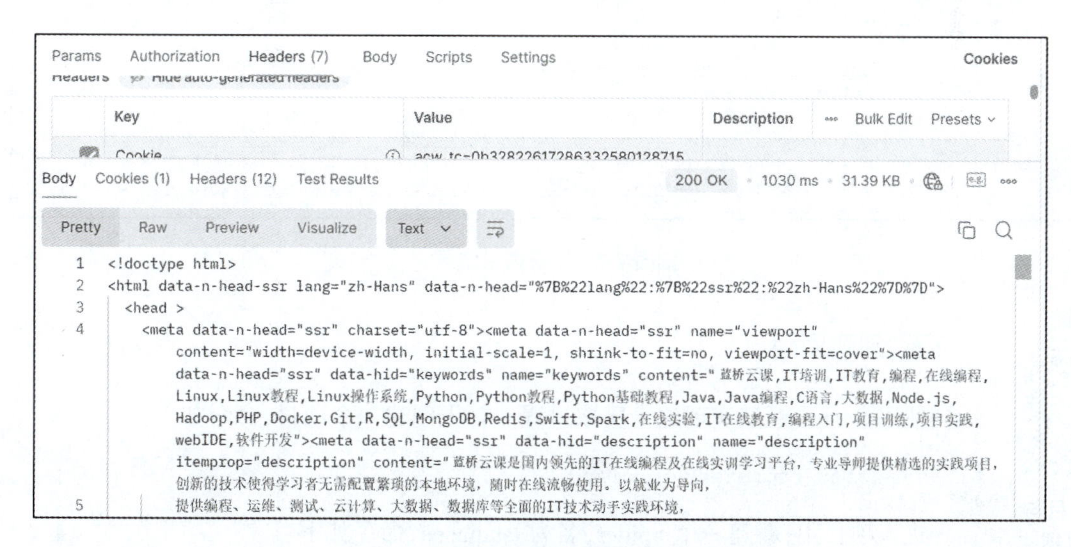

图 7-5 课程响应结果

项目从几个免费课程开始爬取,爬取课程基本信息、发布课程的教师信息以及获得的勋章信息,然后清洗爬取的数据,最后保存清洗后的数据。

选择MongoDB作为存储的数据库,可以更方便地存储课程信息及关联的教师信息。

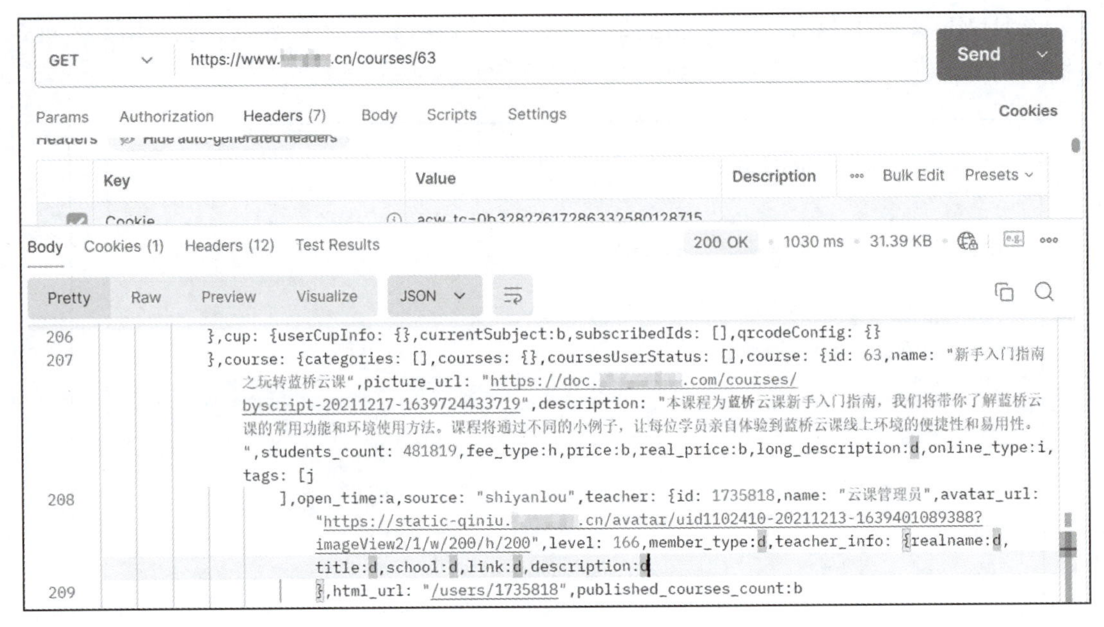

图 7-6　教师请求链接

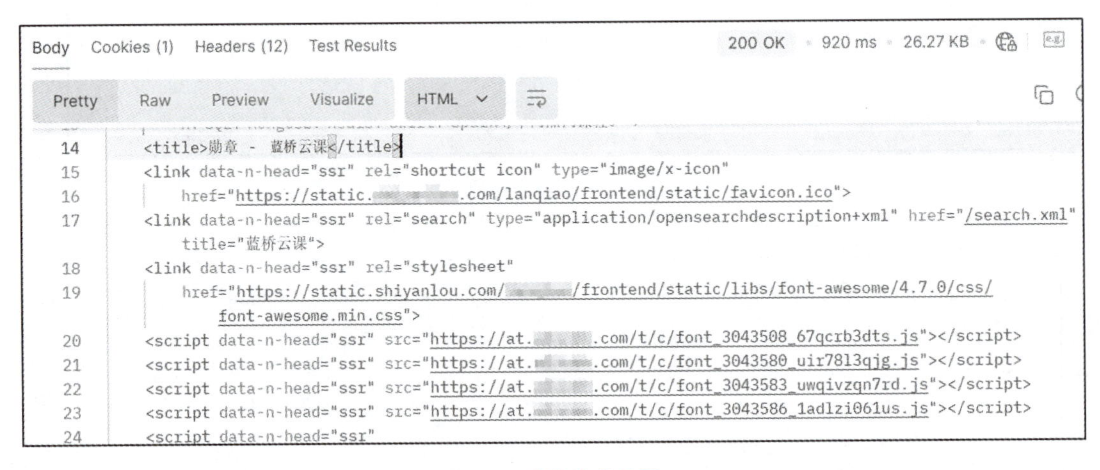

图 7-7　勋章请求结果

微课

创建项目与提取收据

五、创建项目

使用 Scrapy 框架实现这个爬取过程。首先创建一个项目，命令如下：

```
scrapy startproject lanqiao
```

进入项目中，新建一个 Spider，名为 lanqiaocn，命令如下：

```
scrapy genspider lanqiaocn www.lanqiao.cn
```

然后修改 Spider，配置各个请求地址的 URL，选取几个免费课程，将它们的 ID 赋值成一个列表，实现 start_requests() 方法，依次爬取各个课程的基本信息，然后用 parse_course() 方法进行解析，代码如下：

```
#程序 7.1
import scrapy
from scrapy import Request, Spider
class LanqiaocnSpider(Spider):
    name='lanqiaocn'
    allowed_domains=['www.[illegible].cn']
    course_url='https://www.[illegible].cn/courses/{cid}'
    teacher_url='https://www.[illegible].cn/users/{uid}'
    medals_url='https://www.[illegible].cn/users/{uid}/medals/'
    start_courses=['63', '237', '1238', '43', '3584', '9']
    def start_requests(self):
        headers={
            'cookie': 'acw_tc=0a09669a1698971510392l901e78ee81cb6348c5f1d262286b
374c4313a4cd; sajssdk_2015_cross_new_user=1; Hm_lvt_56f68d0377761a87e16266ec3560a
e56=1697710582,1698108417,1698628494,1698971634; sensorsdata2015jssdkcross=%7B%
22distinct_id%22%3A%222629364%22%2C%22first_id%22%3A%2218b9297edc3aa9-02fb93
476d5a63e-17525634-2073600-18b9297edc4628%22%2C%22props%22%3A%7B%22%24latest_
traffic_source_type%22%3A%22%E7%9B%B4%E6%8E%A5%E6%B5%81%E9%87%8F%22%2C%
22%24latest_search_keyword%22%3A%22%E6%9C%AA%E5%8F%96%E5%88%B0%E5%80%BC
_%E7%9B%B4%E6%8E%A5%E6%89%93%E5%BC%80%22%2C%22%24latest_referrer%22%3A%
22%22%7D%2C%22identities%22%3A%22eyIkaWRlbnRpdHlfY29va2llX2lkIjoiMThi
OTI5N2VkYzNhYTktMDJmYjkzNDc2ZDVhNjNlLTE3NTI1NjM0LTIwNzM2MDAtMThiOTI5N2VkYzQ2Mjgi
LCIkaWRlbnRpdHlfbG9naW5faWQiOiIyNjI5MzY0In0%3D%22%2C%22history_login_id%22%
3A%7B%22name%22%3A%22%24identity_login_id%22%2C%22value%22%3A%222629364%
22%7D%2C%22%24device_id%22%3A%2218b9297edc3aa9-02fb93476d5a63e-17525634-
2073600-18b9297edc4628%22%7D; _ga=GA1.2.1481034657.1698971636; _gid=GA1.2.
1785615878.1698971636; Hm_lvt_39c7d7a756ef8d66180dc198408d5bde=1697710585,
1698108420,1698628497,1698971636; _c_WBKFRo=K34Ylt4bSI07vzypmEA468oui2cwXq1lfG4g32
Pp; lqtoken=8ff024cf11823e92098406a015663e94; Hm_lpvt_56f68d0377761a87e16266ec3560
ae56=1698973009;platform=OPCENTER-FE; _gat=1; Hm_lpvt_39c7d7a756ef8d66180dc198408
d5bde=1698973012; _ga_XY08NHY75L=GS1.2.1698971636.1.1.1698973012.0.0.0',
            'user-agent': 'Mozilla/5.0 (Windows NT 10.0; WOW64) AppleWebKit/537.36
(KHTML, like Gecko) Chrome/88.0.4324.190 Safari/537.36'
        }
        for cid in self.start_courses:
            yield Request(self.course_url.format(cid=cid), callback=self.parse_
course,headers=headers)
    def parse_course(self, response):
        self.logger.debug(response)
```

六、创建 Item

解析课程、教师以及勋章列表的基本信息并生成 Item。这里事先定义几个 Item，如课程、教师、勋章的 Item，具体实现代码如下：

```
#程序 7.2
from scrapy import Item, Field
class CourseItem(Item):
    collection='courses'
    id=Field()
    title=Field()
    course_fee_type=Field()
    learnd_count=Field()
    comments_count=Field()
    difficult_level=Field()
    update_time=Field()
    score=Field()
class TeacherRelationItem(Item):
    collection='teachers'
    id=Field()
    teacher_name=Field()
    level=Field()
    tag=Field()
    follow_count=Field()
    fan_count=Field()
    publish_count=Field()
    medal_count=Field()
class MedalsItem(Item):
    collection='medals'
    medal_names=Field()
    medal_pics=Field()
   uid=Field()
```

以上代码中定义了 collection 字段，指明保存的 Collection 的名称。后面会用 Pipeline 对各个 Item 进行处理并存储到用户的 Collection 中，因此这里的 Item 和 Collection 一定是完全对应的。

七、提取数据

在解析访问课程后响应的 HTML 文档之前，务必先看一下这些课程信息的标签位置，只有清楚了这些标签，才能够更好地提取出课程的基本信息，具体内容如图 7-8 所示。

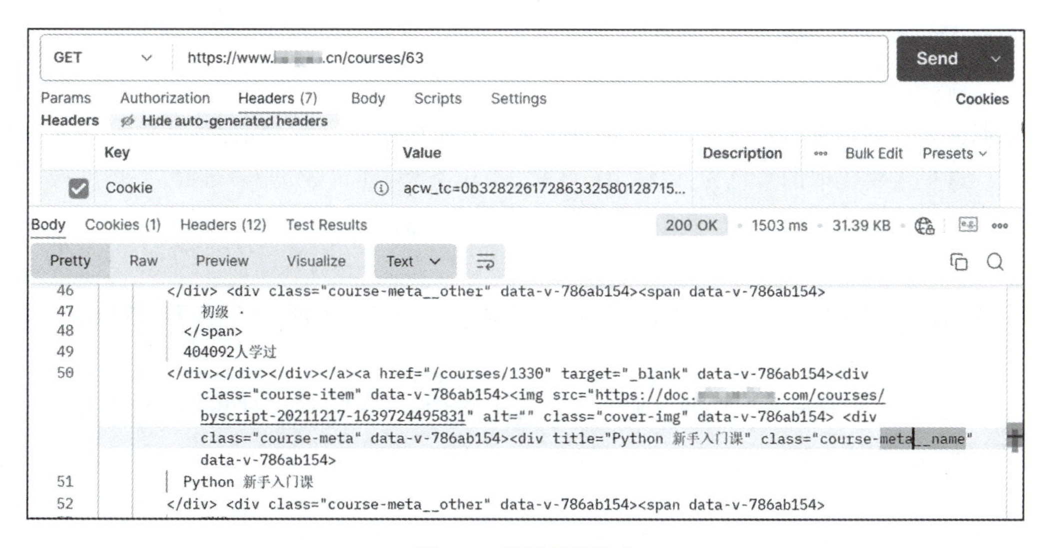

图 7-8 课程基本信息

接下来我们正式开始解析课程的基本信息，实现 parse_course() 方法，具体实现代码如下：

```
#程序 7.3
    def parse_course(self, response):
        """
        解析课程信息
        :param response: Response 对象
        """
        course_name=response.css('div.name-wrap span.course-name::text').get().strip()
        course_fee_type=response.css('div.name-wrap span.course-fee-type::text').
        get().strip()
        span_texts=response.css('div.course-other-info span::text').getall()
        leard_count=span_texts[0].strip()
        comments_count=span_texts[1].strip()
        difficult_level=span_texts[2].strip()
        average_score=span_texts[3].strip()+span_texts[4].strip()
        update_time=span_texts[5].strip()
        pattern=r'course:\{id:(\d+)'
        course_id=re.search(pattern, response.text).group(1)
        pattern=r'teacher:\{id:(\d+)'
        teahcer_id=re.search(pattern, response.text).group(1)
        course_item=CourseItem(id=course_id,title=course_name,course_fee_type=
course_fee_type,leard_count=leard_count,comments_count=comments_count,difficult
_level=difficult_level,update_time=update_time,score=average_score)
        yield course_item
        # 发布课程教师
        yield Request(self.teacher_url.format(uid=teahcer_id),self.parse_teachers)
```

程序 7.3 中一共完成了两个操作：

（1）解析 HTML 文档提取课程信息并生成 CourseItem 返回。这里使用 CSS 选择器查找标签并获取标签中的文本内容，然后将提取的数据分别赋值给定义的变量，然后生成 CourseItem 并返回。这里需要提取的信息为：课程 ID、名称、费用类型、评价数量、学习数量、难度级别、更新时间、发布该课程的教师 ID。其中，教师 ID 和课程 ID 需要从响应 HTML 文档下方 JavaScript 请求的数据中提取。

（2）构造发布课程教师信息的链接，并生成响应，这里需要的参数只有用户的 ID（即教师的 ID）。

接下来需要保存发布课程的教师信息。同样先了解一下响应的 HTML 文档内容，这里截取了部分内容，如图 7-9 所示。

图 7-9　教师基本信息

了解了 HTML 文档结构以后，开始实现其解析方法 parse_teachers()，具体实现代码如下：

```
#程序 7.4
def parse_teachers(self, response):
    """
    解析发布课程教师
    :param response: Response 对象
    """
    uid=response.css('div.user-info-wrap div.user-basic-info a::attr(title)').re_
first('\d+')
    teacher_name=response.css('div.user-info-wrap div.user-basic-info div.user-
info-right span.name::text').get().strip()
    level=response.css('div.user-info-wrap div.user-basic-info div.user-info-
```

```
        right span.level::text').get().strip()
        teacher_tag=response.css('div.user-info-wrap div.user-basic-info div.user-
info-right span.teacher-tag::text').get().strip()
        span_texts=response.css('div.user-info-wrap div.right div.ext-item span.
value::text')
        fan_count=span_texts.extract()[0].strip()
        follow_count=span_texts.extract()[1].strip()
        publish_count=span_texts.extract()[2].strip()
        medal_count=response.css('div.bottom-content span.medal-count::text').get
().strip()
        teacher_item=TeacherRelationItem(id=uid,teacher_name=teacher_name,level
=level,tag=teacher_tag,fan_count=fan_count,
        follow_count=follow_count,publish_count=publish_count,medal_count=medal
_count)
        yield teacher_item
        # 用户勋章成就
    yield Request(self.medals_url.format(uid=uid),callback=self.parse_medals)
```

程序 7.4 做了如下两件事：

(1)解析响应的 HTML 文档获取教师信息并发起提取勋章信息的解析请求。这里使用 CSS 选择器查找标签并获取标签中的文本内容，然后将提取的数据分别赋值给定义的变量，然后再生成 teacher_item 并返回。需要提取的教师信息有：教师 ID、用户名、级别、标签、粉丝数量、关注数量、发布课程数量、勋章数量等。

(2)构造教师勋章信息的链接，并生成响应，这里需要的参数只有教师的 ID。

接下来还需要保存教师勋章信息，同样需要知道响应的 HTML 文档结构，才能更好地提取勋章信息，文档部分内容如图 7-10 所示。

```
class="section-title" data-v-b0d9f340><span data-v-b0d9f340>最近获得勋章</span></div> <div
class="section-content" data-v-b0d9f340><div class="row" data-v-84c540ce data-v-84c540ce
data-v-3c615fd6><div class="medal-container col-md-2" data-v-84c540ce data-v-84c540ce><div
class="medal" data-v-af374f1a data-v-84c540ce><div class="medal-picture-container" data-v-868c9b0a
data-v-af374f1a><div class="medal-picture" style="--width:110px;--count-width:66px;
--count-number-bottom:-1px;--font-size:14px;" data-v-868c9b0a><img src="https://dn-simplecloud.
[illegible].com/assets/1678440630227_3742c0b51f88f002a17332fdbe0adef6" data-v-868c9b0a> <div
class="medal-count" data-v-868c9b0a><img src="data:image/svg+xml;base64,
PHN2ZyB4bWxucz0iaHR0cDovL3d3dy53My5vcmcvMjAwMC9zdmciIHdpZHRoPSI2MyIgaGVpZ2h0PSIyNSIgdmlld0JveD0iMCAwID
YzIDI1Ij4NCiAgICA8ZyBmaWxsPSIjRkZDNTAwIiBmaWxsLXJ1bGU9ImV2ZW5vZGQiIHN0cm9rZT0iI0Y2QkEwMCI
+DQogICAgICAgIDxwYXRoIGQ9Ik0zNy41IDE0LjU1OEw2MyAuNSAzNy41IDIxLjExNHYtNi41NTZ6bS0xMSAwdjYuNTU2TC41LjVsM
jYgMTQuMDU4eiIvPg0KICAgICAgICA8Y2lyY2xlIGN4PSIzMiIgY3k9IjE2IiByPSI4Ii8+DQogICAgPC9nPg0KPC9zdmc+DQo="
data-v-868c9b0a> <div class="medal-count-number" data-v-868c9b0a>
    1
  </div></div></div></div> <div class="medal-name" data-v-af374f1a>
算法赛-组队-队长徽章
```

图 7-10　勋章基本信息

下面来实现 parse_medals()方法，用来爬取老师的勋章信息，具体实现代码如下：

```
#程序 7.5
def parse_medals(self, response):
    """
    解析勋章成就
    :param response: Response 对象
    """
    pattern=r'userPublicInfo:\{id:(\d+)'
    uid=re.search(pattern, response.text).group(1)
    medal_pic_eles=response.css('div.medal div.medal-picture > img::attr(src)')
    medal_name_eles=response.css('div.medal div.medal-name::text')
    medal_names=[]
    medal_pics=[]
    for mp in medal_pic_eles:
        medal_pics.append(mp.get().strip())
    for mn in medal_name_eles:
        medal_names.append(mn.get().strip())
    medal_item=MedalsItem(uid=uid,medal_names=medal_names,medal_pics=medal_
pics)
yield medal_item
```

程序 7.5 中使用 CSS 选择器查找标签并获取标签中的文本内容，然后将提取的数据分别赋值给定义的变量，然后生成 medal_item 并返回。这里同样建立了一个字段映射表，实现批量字段赋值。需要提取的教师勋章信息数据有：教师 ID 和所有的勋章名称、勋章图片。

微课

数据清洗、存储以及反爬虫与运行

八、清洗数据

有些课程的基本信息不是很合理，如课程评价数量、综合评分、学习过的人数等；对于这些信息我们只想要具体的数字，而前面提取的数据中包括中文或者其他字符，所以在保存之前需要进行数据预处理。下面在 pipelines.py 文件中定义一个 CoursePipeline 类并实现一个 clean_data()方法，具体实现代码如下：

```
#程序 7.6
import re
from lanqiao.items import *
class CoursePipeline:
    def clean_data(self, str1):
        if re.match('\d+\s 人学过', str1):
            str1=re.search('\d+', str1).group()
        if re.match('\d+\s 次评价', str1):
            str1=re.search('\d+',str1).group()
```

```
        if re.match('难度:', str1):
            str1=re.search('难度: \s(\w+)',str1).group(1)
        if re.match('综合评分:', str1):
            str1=re.search('\d+\.\d+',str1).group()
        if re.match('\d{4}-\d{2}-\d{2} 更新', str1):
            str1=re.search('\d{4}-\d{2}-\d{2}',str1).group()
        return str1
    def process_item(self, item, spider):
        if isinstance(item, CourseItem):
            item_dict=dict(item)
            for key,value in item_dict.items():
                if value:
                    item[key]=self.clean_data(value)
return item
```

以上代码中循环遍历 CourseItem 中的属性，然后将这些属性的数据提取出来进行预处理。首先用正则表达式匹配，如果提取到的数据符合这个表达式，就提取出其中需要的内容，并将其重新赋值给 CourseItem 中对应的属性，这样就实现了数据的预处理。

通过上面的 Pipeline，就完成了数据清洗工作。

九、存储数据

数据清洗完毕之后，就可以将数据保存到 MongoDB 数据库。首先在 pipelines. py 文件中创建 MongoPipeline 类，存储到数据库由它来实现。然后，在 setting. py 文件最后配置 MongoDB 数据库的相关信息，具体实现代码如下：

```
#配置 7.7
ITEM_PIPELINES={
  "lanqiao.pipelines.CoursePipeline": 300,
  "lanqiao.pipelines.MongoPipeline": 301,
}
MONGODB_HOST='localhost'
MONGODB_PORT=27017
MONGODB_DATABASE='lanqiao'
```

这里在 setting. py 文件中定义了 MongoDB 数据库的主机名、端口号和数据库名，并配置了 MongoPipeline 类。

接下来我们在 MongoDBPipeLine 类中实现数据存储，具体实现代码如下：

```
#程序 7.8
import pymongo
class MongoPipeline(object):
```

```
    def__init__(self, mongo_host, mongo_port, mongo_db):
        self.mongo_host=mongo_host
        self.mongo_port=mongo_port
        self.mongo_db=mongo_db
    @ classmethod
    def from_crawler(cls, crawler):
        return cls(
            mongo_host=crawler.settings.get('MONGODB_HOST'),
            mongo_port=crawler.settings.get('MONGODB_PORT'),
            mongo_db=crawler.settings.get('MONGODB_DATABASE')
        )
    def open_spider(self, spider):
        self.client=pymongo.MongoClient(host=self.mongo_host,port=self.mongo_
port)
        self.db=self.client[self.mongo_db]
        self.db[CourseItem.collection].create_index([('id', pymongo.ASCENDING)])
        self.db[TeacherRelationItem.collection].create_index([('id', pymongo.
ASCENDING)])
        self.db[MedalsItem.collection].create_index([('id', pymongo.ASCENDING)])
    def close_spider(self, spider):
        self.client.close()
    def process_item(self, item, spider):
        if isinstance(item, CourseItem) or isinstance(item, TeacherRelationItem):
            self.db[item.collection].update_one(
                {'_id': item.get('id')},
                {'set': item},
                True
            )
        if isinstance(item, MedalsItem):
            self.db[item.collection].update_one(
                {'_id': item.get('uid')},
                {'addToSet': {'uid':item['uid'],'medal_name': item['medal_names'], '
medal_pic': item['medal_pics']}},
                True
            )
        return item
```

以上代码中的 MongoPipeline 类和前面所写的有所不同,主要有以下几点:

(1)open_spider()方法中添加了 Collection 的索引,这里为 3 个 Item 都添加了索引,索引的字段是 id。由于这次是大规模爬取,爬取过程涉及数据的更新问题,所以为每个 Collection 建立了索引,这样可以大幅提高检索效率。

(2)在 process_item()方法中存储使用的是 update_one()方法,第一个参数是查询条件,第二个参数是爬取的 Item。这里使用了 set 操作符,如果爬取到重复的数据即可对数据进行更新,同时不会删除已存在的字段。如果不加 set 操作符,就会直接进行 item 替换,这样可能会导致已存在的字段如课程和关联的教师列表清空。第三个参数设置为 True,如果数据不存在,则插入数据。这样就可以做到数据存在即更新、数据不存在即插入,从而获得去重的效果。

十、搭建 Cookies 池

Cookies 是用户浏览器存储在本地,由服务器发送的一小块数据,用于在浏览器下次向同一服务器再次发起请求时,发送给服务器。Cookies 主要由键值对组成。

Cookies 池的主要作用是管理和使用多个 Cookies,以便在网络请求中高效地利用这些 Cookies。

如果没有登录而直接请求 API 接口,非常容易导致 403 状态码。所以,在这里实现一个 MiddleWare(中间件),为每个响应添加随机的 Cookies。

先开启 Cookies 池,使 API 模块正常运行。例如,在本地运行 5000 端口,访问 http://localhost:5000/lanqiao/random,即可获取随机的 Cookies。当然,也可以将 Cookies 池部署到远程的服务器,这样只需要更改访问的链接。

在本地启动 Cookies 池,实现一个 MiddleWare,具体实现代码如下:

```
#程序 7.11
class CookiesMiddleware():
    def __init__(self, cookies_url):
        self.logger=logging.getLogger(__name__)
        self.cookies_url=cookies_url
    def get_random_cookies(self):
        try:
            response=requests.get(self.cookies_url)
            if response.status_code == 200:
                cookies=json.loads(response.text)
                return cookies
        except requests.ConnectionError:
            return False
    def process_request(self, request, spider):
        self.logger.debug('正在获取 Cookies')
        cookies=self.get_random_cookies()
        if cookies:
            request.cookies=cookies
```

```
        self.logger.debug('使用 Cookies '+json.dumps(cookies))
    @classmethod
    def from_crawler(cls, crawler):
        settings=crawler.settings
        return cls(
            cookies_url=settings.get('COOKIES_URL')
        )
```

在以上代码中,首先利用 from_crawler() 方法获取 COOKIES_URL 变量,它定义在 settings.py 里,这就是刚才所说的接口。接下来实现 get_random_cookies() 方法,这个方法主要是请求此 Cookies 池接口并获取接口返回的随机 Cookies。如果成功获取,则返回 Cookies;否则返回 False。

然后,在 process_request() 方法里给 request 对象的 cookies 属性赋值,其值就是获取的随机 Cookies,这样就成功地为每一次请求赋值 Cookies。

如果启用了该 Middleware,每个请求都会被赋值随机的 Cookies。这样就可以模拟登录之后的请求,403 状态码基本就不会出现。

十一、搭建 IP 代理池

网站还有一个反爬措施就是,网站如果检测到同一 IP 请求量过大时就会出现 414 状态码。如果遇到这样的情况可以切换代理。例如,在本地 5555 端口运行,获取随机可用代理的地址为 http://localhost:5555/random,访问这个接口即可获取一个随机可用代理。接下来再实现一个 Middleware,具体实现代码如下:

```
#程序 7.12
class ProxyMiddleware():
    def __init__(self, proxy_url):
        self.logger=logging.getLogger(__name__)
        self.proxy_url=proxy_url
    def get_random_proxy(self):
        try:
            response=requests.get(self.proxy_url)
            if response.status_code == 200:
                proxy=response.text
                return proxy
        except requests.ConnectionError:
            return False
    def process_request(self, request, spider):
        if request.meta.get('retry_times'):
            proxy=self.get_random_proxy()
```

```
            if proxy:
                uri='https://{proxy}'.format(proxy=proxy)
                self.logger.debug('使用代理 '+ proxy)
                request.meta['proxy'] = uri
    @ classmethod
    def from_crawler(cls, crawler):
        settings=crawler.settings
        return cls(
            proxy_url=settings.get('PROXY_URL')
        )
```

程序 7.12 实现了一个 get_random_proxy()方法用于请求代理池的接口获取随机代理。如果获取成功,则返回该代理,否则返回 False。在 process_request()方法中,程序给 request 对象的 meta 属性赋值一个 proxy 字段,该字段的值就是代理。

另外,赋值代理的判断条件是当前 retry_times 不为空,也就是说第一次请求失败之后才启用代理,因为使用代理后访问速度会慢一些。所以,在这里设置了只有重试的时候才启用代理,否则直接请求。这样就可以保证在没有被封禁 IP 的情况下直接爬取,保证了爬取速度。

十二、启用 MiddleWare

在配置文件中启用 CookiesMiddleware 和 ProxyMiddleware 这两个 Middleware,修改 settings. py 如下:

```
#settings.py
DOWNLOADER_MIDDLEWARES={
    'lanqiao.middlewares.CookiesMiddleware': 554,
    'lanqiao.middlewares.ProxyMiddleware': 555,
}
```

注意这里的优先级设置,Scrapy 框架的默认 Downloader Middleware 的设置如下:

```
{
    'scrapy.downloadermiddlewares.robotstxt.RobotsTxtMiddleware':100,
    'scrapy.downloadermiddlewares.httpauth.HttpAuthMiddleware':300,
    'scrapy.downloadermiddlewares.downloadtimeout.DownloadTimeoutMiddleware':350,
    'scrapy.downloadermiddlewares.defaultheaders.DefaultHeadersMiddleware': 400,
    'scrapy.downloadermiddlewares.useragent.UserAgentMiddleware':500,
    'scrapy.downloadermiddlewares.retry.RetryMiddleware':550,
    'scrapy.downloadermiddlewares.ajaxcrawl.AjaxCrawlMiddleware': 560,
    'scrapy.downloadermiddlewares.redirect.MetaRefreshMiddleware': 580,
    'scrapy.downloadermiddlewares.httpcompression.HttpCompressionMiddleware': 590,
```

```
    'scrapy.downloadermiddlewares.redirect.RedirectMiddleware': 600,
    'scrapy.downloadermiddlewares.cookies.CookiesMiddleware': 700,
    'scrapy.downloadermiddlewares.httpproxy.HttpProxyMiddleware': 750,
    'scrapy.downloadermiddlewares.stats.DownloaderStats': 850,
    'scrapy.downloadermiddlewares.httpcache.HttpCacheMiddleware': 900,
    }
```

要使得自定义的 CookiesMiddleware 生效,应让它在内置的 CookiesMiddleware 之前调用。内置的 CookiesMiddleware 的优先级为 700,所以这里设置一个比 700 小的数字即可。

要使得自定义的 ProxyMiddleware 生效,它应在内置的 HttpProxyMiddleware 之前调用。内置的 HttpProxyMiddleware 的优先级为 750,所以这里设置一个比 750 小的数字即可。

十三、运行项目

到此为止,整个蓝桥云课爬虫程序就实现完毕。可以运行如下命令启动爬虫:

```
scrapy crawl lanqiaocn
```

输出结果如下:

```
2023-11-06 15:57:55 [scrapy.core.scraper] DEBUG: Scraped from <200 https://www.
[illegible].cn/users/1735818/>
{    'fan_count': '63',
     'follow_count': '11',
     'id': '1735818',
     'level': 'L166',
     'medal_count': '8',
     'publish_count': '94',
     'tag': '蓝桥云课教师',
     'teacher_name': '云课管理员'}
2023-11-06 15:57:55 [scrapy.core.engine] DEBUG: Crawled (200) <GET https://www..
[illegible].cn/users/20418/> (referer: https://www.[illegible].cn/courses/9)
     2023-11-06 15:57:55 [scrapy.core.scraper] DEBUG: Scraped from <200 https://
www..[illegible].cn/users/20418/>
     {'fan_count': '2',
     'follow_count': '0',
     'id': '20418',
     'level': 'L22',
     'medal_count': '1',
     'publish_count': '0',
     'tag': '蓝桥云课教师',
     'teacher_name': '实验楼包工头'}
```

```
2023-11-06 15:57:55 [scrapy.core.engine] DEBUG: Crawled (200) <GET https://www..
.cn/users/1190679/medals/> (referer: https://www.lanqiao.cn/users/1190679/)
    2023-11-06 15:57:56 [scrapy.core.scraper] DEBUG: Scraped from <200 https://
www..  .cn/users/1190679/medals/>
    {   'medal_names': ['2021年度优秀作者',
                       '2022年五四新青年勋章',
                       '2021元宵佳节',
                       '实验楼老朋友',
                       '投稿作者',
                       '1000楼成就',
                       '500楼成就',
                       '乐于助人',
                       '完美周',
                       '200楼成就',
                       '100楼成就',
                       '楼赛Top10'],
    'medal _pics ': ['https://dn-simplecloud.  . com/assets/1655715150305 _
d0880ec8331369350e534a3769c38ebe',
    'https://dn-simplecloud.  .com/assets/1650944758748_ced6e1d97488d102
c9ecd18dcc37c406',
    'https://dn-simplecloud.  .com/assets/1612319382449_0b618f840babb1e8b9b
7e4042bc2422',
    'https://dn-simplecloud.  .com/assets/1610531635075_0e1754dd999 bda518
db153fbac3a2205',
    'https://dnsimplecloud.  .com/assets/1600068572199_8ee2808406da0d7f
    3533863b74e61d94',
    'https://dn-simplecloud.  .com/assets/1610436972071_166fb2ffd3847036
5fc6a2dac187ddf7',
    'https://dn-simplecloud.  .com/assets/1610436962935_5c8e25084adb4610
af10cc64194d4886',
    'https://dn-simplecloud.  .com/course/1584071761969_medal乐于助人__a-
chieved.svg',
    'https://dn-simplecloud.  . com/course/1584072090537 _medal 完美周 __a-
chieved.svg',
    'https://dn-simplecloud.  .com/assets/1610436951288_4f354fc5be3b931e
d369230a7e758936',
    'https://dn-simplecloud.  .com/assets/1610436942362_61debcf3e84b2df4
f5ea4d72a4dc8f1a',
    'https://dn-simplecloud.  .com/assets/1610436925828_be44ff551 cedcedb
```

```
9883be7e77326e11e'],
'uid': '1190679'}
```

运行一段时间后,便可以到 MongoDB 数据库查看数据,爬取下来的数据如下,这里只给出部分结果。

```
Key                    value                    Type
...                    ...                      ...
Follows                [20 elements]            Array
 [0]                   [2 fields]               Object
id                     3584                     Int64
title                  oeasy 教您玩转 python     String
...                    ...                      ...
```

针对课程信息,项目不仅爬取了其基本信息,还爬取了发布课程的教师及教师勋章信息。最后将清洗后的课程信息及教师与教师勋章信息一并存储到 MongoDB 数据库中且做了去重操作。

任务小结

本任务实现了蓝桥云课的课程及其发布教师与教师勋章信息的爬取,综合运用了本书前面介绍的所有基本知识和基本技术,同时还搭建了 Cookies 池和代理池来应对反爬虫措施。读者可以仔细研究这个案例,熟悉并领会如何从网页中爬取数据以及如何应对反爬措施。当然,这必须建立在法律许可的基础上。希望本例能够将本书的所有知识贯穿起来,使读者有一个整体的数据获取框架。不过现在是针对单机的爬取,如果进一步改进,可以将此项目修改为分布式爬虫,以进一步提高爬取效率。

思考与练习

一、选择题

1. 爬取蓝桥云课信息过程中用到以下(   )步骤。

   A. 提取数据　　　　B. 清洗数据C. 存储数据

   D. 删除数据

2. 创建一个项目,下面(   )命令是正确的。

   A. scrapy start lanqiao

   B. srcapy createproject lanqiao

   C. scrapy startproject lanqiao

   D. scrapy create lanqiao

3. 新建一个 Spider,名为 lanqiaocn,下在(   )命令是正确的。

A. scrapy spider lanqiaocn www. lanqiao. cn

B. scrapy genspider lanqiaocn www. lanqiao. cn

C. scrapy general lanqiaocn www. lanqiao. cn

D. scrapy create lanqiaocn www. lanqiao. cn

4. lanqiaocn 的 lanqiao 项目的 Spider，下面(　　)是启动爬虫命令。

A. scrapy run lanqiaocn　　B. scrapy crawl lanqiaocn

C. scrapy start lanqiaocn　　D. scrapy spider lanqiaocn

5. 下面关于爬取蓝桥云课信息所引用库，(　　)是正确的。

A. 在创建 Spider 时，需要 from scrapy import Request, Spider

B. 在创建 Item 时，需要 from scrapy import Item, Field

C. 在数据存储时，需要 import pymongo

D. 在提取数据时，需要 from scrapy import Request, Spider

二、填空题

1. 爬取蓝桥云课数据采用的爬虫框架是____________。

2. 在 Chrome 的____________可以看到 Ajax。

3. 可以在____________获取课程 ID。

4. 在本项目中创建 spider 的命令是____________。

5. 在本项目中提取数据采用____________方法。

三、简答题

1. 简述本项目的开发思路。

2. 本项目是如何获取教师勋章的？

3. 如何得到教师详情页的链接、教师勋章列表的链接？

4. 结合项目，如何修改 Spider 和 Item？

5. 项目是如何提取数据的？

6. 项目是如何对数据进行清洗的？

7. 项目是如何存储数据的？

8. 项目对爬取的数据以什么格式存储？

9. 项目是如何防范反爬虫措施的？

10. 项目中 MiddleWare 的作用是什么？

附录A

缩略语

缩写	英文全称	中文全称
API	application programming interface	应用程序接口
CSS	cascading style sheets	层叠样式表
CSV	comma-separated values	逗号分隔值文件
DAG	directed acyclic graph	有向无环图
DOM	document object model	文档对象模型
EB	exabyte	艾字节
ETL	extract-transform-load	将数据从来源端经过抽取(extract)、转换(transform)、加载(load)至目的端的过程
FTP	file transfer protocol	文件传输协议
GFS	Google file system	Google 公司为了存储海量搜索数据而设计的专用文件系统
HDFS	Hadoop distributed file system	Hadoop 分布式文件系统
HTML	Hyper Text Markup Language	超文本标记语言
HTTP	hypertext transfer protocol	超文本传输协议
HTTPS	hyper text transfer protocol over secure	超文本传输安全协议
IDE	Integrated development environment	集成开发环境
IEEE	Institute of Electrical and Electronics Engineers	电气电子工程师学会
IMAP	Internet message access protocol	因特网信息访问协议
IP	Internet protocol	网际协议
IRC	Internet relay chat	因特网中继聊天
ISO	International Organization for Standardization	国际标准化组织
JSON	JavaScript object notation	JavaScript 对象简谱
NIST	National Institute of Standards and Technology	美国国家标准及技术协会
NoSQL	not only SQL	泛指非关系型的数据库

续表

缩写	英文全称	中文全称
OSI	open system Interconnect	开放式系统互连
SQL	structured query language	结构化查询语言
SSL	secure sockets layer	安全套接字层
TCP	transmission control protocol	传输控制协议
TLS	transport layer security	传输层安全
UDP	user datagram protocol	用户数据报协议
URL	universal resource locator	统一资源定位符
W3C	World Wide Web Consortium	万维网联盟
XML	extensible markup language	可扩展标记语言

附录B 思考与练习参考答案

项目一　思考与练习参考答案

一、选择题

1. C　2. A　3. D　4. A　5. C

二、填空题

1. 文本、音频、视频
2. 规模性、多样性、高速性、价值性
3. 日志采集系统、网络数据采集系统、数据库采集系统
4. Hadoop
5. MapReduce
6. Spark
7. Kettle
8. 会话 Cookie、持久 Cookie
9. 响应代码、响应头、响应体
10. IP 地址限制、账号限制、登录控制、网页数据异步加载、robots 协议

三、简答题

1. 大数据是在体量和类别特别大的杂乱数据集中，深度挖掘分析取得有价值信息。

2. 规模性（volume）、多样性（variety）、高速性（velocity）、价值性（value）。

3. 分布式存储、批处理技术、流计算、图计算、查询分析等。

4. 爬虫是根据一定的规则和条件，自动地爬取信息的程序。

5. 以通用爬虫为例，获取 URL，分析并爬取页面数据，获得新的 URL 并放入队列中，然后依次爬取队列中的 URL 直到满足停止条件。

6. 通用爬虫技术、增量爬虫技术、深层爬虫技术等。

7. 爬虫活动涉及对网站和在线资源的访问，对数据安全、信息安全、国家安全有直接影响，爬虫技术犹如一把双刃剑。面对数据所有者，对数据的过度爬取带来了负面的影响。如果对于爬虫不加以某种程度的限制，就会产生数据安全问题。网络上有不少数据涉及个人隐私、商业秘密甚至国家机密，如果对于这类数据的爬取不加以防备，就会导致个人隐私泄露、损失经济利益,乃至对国家和社会带来危害。因此,了解与爬虫相关的法律有助于确保用户活动是合法、道德且遵循规定的。

8. IP 限制、登录限制、账号限制、网页数据异步加载、Robots 协议、验证码等。

9. Cookie 是为了使用户在离开网站后还能够利用以前的状态信息连接到网站,永久存储状态数据。

10. 静态网页是客户端发起请求后,服务器将请求页面发给客户端,由客户端解析并显示页面,不具备交互功能;动态网页需要服务器端运行相应代码后再发送给客户端,具有交互功能。

项目二　思考与练习参考答案

一、选择题

1. ABC　2. ABCD　3. C、4. AB　5. ABCD

二、判断题

1. (×)2. (√)3. (×)4. (×)5. (√)

三、简答题

1. 独立安装、Anaconda 安装。

2. 可以用 pip install 命令;可以在集成开发环境中安装。

3. 分隔不同的运行环境,如不同的环境配置、不同的版本配置。

4. 可以通过查看库的版本号或者运行一个程序或者看 import 命令是否报错等方式。

5. 对 XML 或 HTML 格式文档进行解析。

6. Urllib 一般只提供简答的 URL 请求,而对于需要携带请求头等较为复杂的请求时需要用 Requests 来实现。

7. (1)打开 PyCharm,并打开项目。

(2)在底部工具栏找到 Terminal(终端)。

(3)在终端中,输入以下命令来安装库:pip install 库名

8. (1)启动 PyCharm:打开 PyCharm 及相关项目。

(2)打开项目设置:在 PyCharm 的顶部菜单栏中,选择 File(文件)→Settings(设置)命令。

(3)选择 Python Interpreter:在 Project:Your_Project_Name 下,选择 Python Interpreter(Python 解释器)。

(4)添加 Anaconda 环境:在 Python Interpreter,页面,单击右上角的齿轮图标,选择 Add(添加),在弹出的对话框中,选择 Conda Environmen,单击"OK"按钮。

(5)配置 Anaconda 环境:在 Add Conda Environment 窗口中,选择 Existing environment(现有环境)。在 Interpreter 字段中,选择 Anaconda 环境的 Python 解释器。通常在 Anaconda 安装目录的 envs 文件夹中。单击 OK 按钮保存设置。

(6)应用并关闭:确保 Anaconda 环境已被正确选择,然后单击 Apply(应用)和 OK 按钮。

9. 用 pip 命令如 pip indstall numpy。

10. lxml 解析数据需要了解复杂的文档结构和解析工具,如 XPATH,而 BeautifulSoap 则提供了相应的方法来做同样的事情,对文档结构等不需要太多了解。

项目三　思考与练习参考答案

一、选择题

1. ABCD　2. ABC　3. ABCD　4ABCD　5. ABCD

二、填空题

1. url. open

2. Requests

3. GET、POST

4. urllib. parse. urlparse

5. 树状

三、简答题

1. lxml、BeatutifulSoap、pyquery 等。

2. SSL 就是在普通请求上加了一个安全层,它通过加密可以保护数据在传输过程中的安全。

3. GET 请求数据放在链接后面,POST 请求数据放在请求包中;GET 请求数据有限,POST 可以请求较大数据;POST 安全性比 GET 高。对表单的请求常用 POST。

4. 正则表达式是一个字符串模式,可以用于匹配特定格式的字符串,常用于寻找特定格式的字符串。

5. 可以通过 requests 的 get( )方法获取,获取后可以保存在文件中。

6. XPATH 以磁盘路径的方式访问文档中的元素。可以使用 lxml 中提供的方法来使用 XPATH。

7. id 和 class 用于标识 HTML 中的标记,并且可以设置标记的格式。区别在于 id 前面用“. ”而 class 前面用“#” 。

8. Ajax 全称为 Asynchronous Javascript and XML,即异步的 JavaScript 和 XML,主要实现在不刷新页面的情况下更新数据。

9. 文件存储、关系型数据库存储以及非关系型数据库存储。

10. 文件存储是早期数据存储方式,现在常用于以 json 格式存储数据;关系型数据库主要用于存储格式化数据;对于非格式化数据如文档、图形、音频等用非关系型数据库存储。

项目四　思考与练习参考答案

一、选择题

1. ABC　2. ABCD　3. B　4. A

二、填空题

1. Tesserocr。

2. Tesseract

3. pip install tesserocr

4. pip install pillow

5. image_to_string

三、简答题

1. 还有滑动验证码、宫格验证码、点触验证码。它们的识别需要图形识别技术、模式识别技术以及机器学习技术。

2. 需要图形识别技术、机器学习技术。

3. 用于图像处理。

项目五　思考与练习参考答案

一、选择题

1. ABCD　2. ABCD　3. BC　4. C　5. AB

二、填空题

1. Twisted

2. Spider、ItemPipeline、Downloader、Scheduler

3. Scrapy Engine

4. scrapy startproject

5. scrapy runspider

三、简答题

1. Twisted 是用 Python 实现的基于事件驱动的网络引擎框架，是一个可扩展性高、基于事件驱动、跨平台的网络开发框架。Twisted 支持许多常见的传输及应用层协议。

2. 同步网络是一个阻塞过程，即进程发出请求后必须等待响应的到来，否则就不会处理其他事务。异步网络是一个非阻塞的过程，即当进程发出请求后，可以不等待响应就返回，这样可以使进程在等待请求返回的过程中处理其他事务。

3. Scrapy Engine、Scheduler、Downloader、spider、item pipline、Downloader Middlewares、Spider Middlewares。

4. 见图 5-3。

5. (1)Spiders 向网站发出请求并将请求发送给 Scrapy Engine。

(2)Scrapy Engine 对请求不做任何处理发送给 Scheduler。

(3)Scheduler 生成请求交给 Engine。

(4)Scrapy Engine 获得请求，然后通过 Middleware 发送给 Downloader。

(5)Downloader 在网上获取到响应数据之后，又经过 Middleware 发送给 Scrapy Engine。

(6)Scrapy Engine 获取响应数据之后，返回给 Spiders，Spiders 的 parse()方法对获取的响应数据进行处理，解析出 Items 或者 Requests，将解析出来的 Items 或者 Requests 发送给 Scrapy Engine。

(7)Scrapy Engine 获取 Items 或者 Requests，将 Items 发送给 Item Pipelines，将 Requests 发

送给 Scheduler。

6.(1)scrapy.cfg:项目的配置文件。

(2)scrapyspider/:该项目的 Python 模块。

(3)scrapyspider/items.py:项目中的 Item 文件。

(4)scrapyspider/pipelines.py:项目中的 Pipelines 文件。

(5)scrapyspider/settings.py:项目的设置文件。

(6)scrapyspider/spiders/:放置 Spider 代码的目录。

7. 主要通过创建 Spider 和 Item 来实现,还需配置 Spider 的配置文件。具体配置方法读者可以查阅相关资料。

8. Scrapy 支持多种 Item 类型。下面给出一个例子:

```
import scrapy
class NewProjectItem(scrapy.Item):
# define the fields for your item here like:
# name=scrapy.Field()
author=scrapy.Field()
text=scrapy.Field()
```

9. 通过运行 scrapy runspider quotes_spider.py -o quotes.jl 可以将数据保存到文件。

10. 项目三所述方法需要用户从头编写程序,包括发送请求、解析数据等。这样对用户的要求比较高。而 Scrapy 则提供了一个爬虫的开发框架,用户只需要关注爬取的数据,而不需要对爬取过程加以了解。但是,用户需要了解 Scrapy 的框架原理和流程,否则无法充分利用 Scrapy。对于某些应用,Scrapy 可能灵活性不足。

项目六 思考与练习参考答案

一、选择题

1. ABCD　2. BD　3. C　4. BD

二、填空题

1. 框架+插件

2. 成星状数据链路

3. 多线程

4. 日志收集、消息

5. 消息系统

三、简答题

1.(1)在异构的数据库/文件系统之间高速交换数据。

(2)采用 Framework + Plugin 架构构建。

(3)运行模式:stand-alone(独立运行)。

(4)开放式的框架:开发者可以在极短的时间开发一个新插件以快速支持新的数据库/文

件系统。

2. HdfsReader 提供了读取分布式文件系统数据存储的能力。在底层实现上，HdfsReader 获取分布式文件系统上文件的数据，并转换为 Datax 传输协议传递给 Writer。

3. 下载后解压即安装；可以根据文中的配置模板进行配置。

4. DataX 框架将数据源读取和写入抽象成为 Reader/Writer 插件。其中，Reader 为数据采集模块，负责采集数据源的数据，将数据发送给 Framework；Writer 为数据写入模块，负责不断向 Framework 取数据，并将数据写入目的端；Framework 用于连接 Reader 和 Writer，作为两者的数据传输通道，并处理缓冲、流控、并发、数据转换等核心技术问题。

5. Task 启动后，会固定启动 Reader→Channel→Writer 的线程来完成任务同步工作。

6. Reader、Writer、Setting。

7. 每条发布到 Kafka 集群的消息都有一个类别，这个类别称为 Topic。物理上不同 Topic 的消息分开存储，逻辑上一个 Topic 的消息虽然保存于一个或多个 Broker 上，但用户只需指定消息的 Topic 即可生产或消费数据，而不必关心数据存于何处，Topic 类似于数据库的表名。

8. 以时间复杂度 $O(1)$ 提供消息持久化，能够以常数级时间复杂度访问 TB 以上级数据；具有较高的数据吞吐率，特别是能够在比较廉价的机器上实现较高的数据吞吐率；支持实时数据处理和离线数据处理。

9. 在发布-订阅消息系统中，消息被持久化到一个 Topic 中。与点对点消息系统不同的是，消费者可以订阅一个或多个 Topic，消费者可以消费该 Topic 中所有的数据，同一条数据可以被多个消费者消费，数据被消费后不会立马删除。在发布-订阅消息系统中，消息的生产者称为发布者，消费者称为订阅者。

10. 一个典型的 Kafka 集群中包含若干 Producer（可以是 Web 前端产生的页面浏览数，或者是服务器日志，系统 CPU、Memory 等）、若干 Broker（Kafka 支持水平扩展，一般 Broker 数量越多，集群吞吐率越高）、若干 Consumer Group，以及一个 Zookeeper 集群。Kafka 通过 Zookeeper 管理集群配置，选举 Leader，以及在 Consumer Group 发生变化时进行再平衡。Producer 使用 push 模式将消息发布到 Broker，Consumer 使用 pull 模式从 Broker 订阅并消费消息。

项目七 思考与练习参考答案

一、选择题

1. ABC 2. C 3. B 4. B 5. ABCD

二、填空题

1. Scrapy

2. 开发者工具

3. 用户页面

4. scrapy genspider lanqiaocn www. lanqiao. cn

5. parse_user

三、简答题

1. 首先需实现用户数据的大规模爬取。这里采用的爬取方式是,以网络云课的几个免费课程为起始点,获取各自的课程信息和关联的老师信息及勋章信息。一个课程会关联该课程发布的老师,然后通过获取关联的老师 ID 获取老师的信息,而一个老师的所有勋章信息都可以通过该老师的 ID 去获取。通过这种方式,就可以获取课程、老师和勋章信息。

2. 打开 Chrome 浏览器,进入开发者工具,输入网络云课网址,在开发者工具中选择 Network,就可以看到在 Network 的 Headers 列出现了很多请求和响应的信息,这些信息代表发送一次请求和接收响应的过程。然后单击 Response ,能够看到响应的是 HTML 文档内容,这里的内容包括课程的相关信息,要想获取课程相关数据,就需要去解析该 HTML 文档。

在该响应结果中可以找到关于该课程关联的老师 ID,然后通过链接地址就可以访问老师的详情页面,单击响应,其响应结果依旧是一个 HTML 文档结构的内容,该 HTML 文档中包含了教师相关的信息,要想获取教师数据,需要解析该文档。

在该响应结果中可以找到关于该课程关联的老师 ID,然后通过链接地址就可以访问老师获取的勋章信息列表,单击响应,其响应结果依旧是一个 HTML 文档结构的内容, 该 HTML 文档中包含勋章相关的信息,要想获取教师勋章数据,需要解析该文档。

3. 可以打开开发者工具,切换到 XHR 过滤器可以获取 Ajax。

4. 见正文新建项目的代码。

5. 解析 HTML 文档提取课程信息并生成 CourseItem 返回;构造发布课程老师信息的链接,并生成 Request;解析响应的 HTML 文档获取教师信息并发起提取勋章信息的解析请求;构造老师勋章信息的链接,并生成响应;使用 CSS 选择器查找标签并提取老师的勋章信息。

6. 通过正则表达式获取数据,完成时间的转换。

7. 实现 MongoPipeline 类将数据存储到 MongpoDB 中。

8. 以 MonggoDB 格式存储,输出以 Json 格式。

9. 采用对接 Cookie 池和对接 IP 代理池来实现。

10. MiddleWare 是中间件,主要负责数据下载、Cookie 和代理。

参考文献

[1] 江吉彬，张良均. Python 网络爬虫技术 [M]. 北京：人民邮电出版社，2018.

[2] 崔庆才. Python3 网络爬虫开发实践 [M]. 北京：人民邮电出版社，2018.

[3] 范传辉. Python 爬虫项目与开发实战 [M]. 北京：机械工业出版社，2017.

[4] 林子雨. 大数据技术原理与应用：概念、存储、处理、分析与应用 [M]. 2 版. 北京：人民邮电出版社，2017.

[5] 吴信东，何进，陆汝钤，等. 从大数据到大知识：HACE + BigKE [J]. 自动化学报，2016，42 (7)：965-982.

[6] 卿淳俊，邓强. Python 爬虫开发实战教程 [M]. 北京：人民邮电出版社，2020.

[7] SIDDIQA A，KARIM A，GANI A，et. al. Big data storage technologies：asurvey [J]. Frontiers of Infomation Technology & Electronic Engineering，2017，18(8)：1040-1070.

[8] 张泽吾. 大数据法律保护模式的比较分析：以全国首例利用网络爬虫技术非法获取计算机信息系统数据案为例 [J]. 法制与经济，2020 (3)：5-6.

[9] 张岩. 大数据反爬虫技术分析 [J]. 信息系统工程，2018 (8)：129-130.